Corpo Editorial
Mariana Ribeiro Volpini Lana
Daniela Maria da Cruz dos Anjos
Juliana Ribeiro Fonseca Franco de Macedo

ATUALIZAÇÕES NA PRÁTICA FISIOTERAPÊUTICA: Temas Contemporâneos nas Diversas Áreas de Atuação

Dados Internacionais de Catalogação na Publicação (CIP)

ATUALIZAÇÕES NA PRÁTICA FISIOTERAPÊUTICA: Temas Contemporâneos nas Diversas Áreas de Atuação.

Organizadores: Mariana Ribeiro Volpini Lana, Juliana Ribeiro Fonseca Franco de Macedo e Francely de Castro e Sousa. Raleigh, Carolina do Norte, Estados Unidos da América: Lulu Publishing, 2016.

157 p.

ISBN 978-1-329-96392-4

Coletânea de trabalhos elaborados por profissionais da área da Fisioterapia e selecionados pelo Centro Universitário Estácio de Belo Horizonte. 1. ATUALIZAÇÕES NA PRÁTICA FISIOTERAPÊUTICA. 2. FISIOTERAPIA. 3. CENTRO UNIVERSITÁRIO ESTÁCIO DE BELO HORIZONTE.

COLABORADORES

Ana Carolina Batista Barbosa
Fisioterapeuta.

Ana Cássia Siqueira da Cunha
Fisioterapeuta. Especialista em Neurologia pela UFMG. Mestre em Bioengenharia pela UNIVAP. Docente do Centro Universitário Estácio BH.

Ângela Batista Oliveira Ramos
Fisioterapeuta.

Carla Jeane Aguiar
Fisioterapeuta. Mestre e Doutora pelo ICB-UFMG. Pós-doutorado no Laboratório de Sinalização Intracelular de Cálcio ICB-UFMG. Docente do Instituto Metodista Isabela Hendrix e do Centro Universitário Estácio BH.

Clarissa Soares Fonseca
Acadêmica do curso de Fisioterapia do Centro Universitário Estácio BH.

Daiane de Lourdes da Costa
Fisioterapeuta. Especialista em Fisioterapia Dermato-Funcional pelo Centro Universitário Estácio de Belo Horizonte.

Daniela Maria da Cruz dos Anjos
Fisioterapeuta. Especialista em Metodologia do Ensino Superior pela CEPEMG. Mestre em Engenharia Biomédica pela UNIVAP. Doutora em Ciências da Reabilitação pela UFMG. Docente do Centro Universitário Estácio BH.

Edenia Paula de Andrade Corrêa
Fisioterapeuta.

Elder Lopes Bhering
Fisioterapeuta. Especialista em Fisioterapia em Ortopedia e Esportes pela UFMG. Mestre em Ciências do Esporte pela UFMG. Coordenador Técnico da Fisioterapia no Instituto de Ortopedia e Traumatologia (IOT - BH). Docente do Centro Universitário Estácio BH.

Emanuelly Raissa Alves dos Santos
Fisioterapeuta.

Érika Lorena Fonseca Costa de Alvarenga
Fisioterapeuta. Especialista em Fisiologia do Exercício pelo CEFIT - UNIFESP. Mestre e Doutora em Ciências pela UNIFESP. Pós-Doutora em Fisiologia e Biofísica pela UFMG. Pós-Doutora em bioinformática pela UFMG. Professora Adjunta da Universidade Federal de São João Del-Rei, Departamento de Ciências Naturais.

Francely de Castro e Sousa
Fisioterapeuta. Licenciada em Letras pela Faculdade de Ciências Humanas do Vale do Piranga. Especialista em Língua Portuguesa pelas FIJ – RJ. Doutora em Ciências Biomédicas pelo Instituto Universitário Italiano de Rosário (IUNIR, Ar). Docente do Centro Universitário Estácio BH. Coordenadora do Curso de Fisioterapia do Centro Universitário Estácio BH.

Gabriel Guimarães Cordeiro
Fisioterapeuta. Especialista em Fisioterapia com ênfase em Ortopedia e Esportes pela UFMG. Mestre em Engenharia

Biomédica pela UNIVAP. Formação em RPG, Pilates, Knesio Taping, Terapia Manual e Síndromes de Dominância Muscular. Docente do Centro Universitário Estácio BH.

Juliana Pinto de Souza
Fisioterapeuta.

Juliana Ribeiro Fonseca Franco de Macedo
Fisioterapeuta. Especialista em Fisioterapia Respiratória pela FCMMG. Especialista em Fisioterapia Cardiorrespiratória pela UFMG. Mestre em Patologia pela FM-UFMG. Docente do Centro Universitário Estácio BH.

Mardege Regina Almeida Figueiredo
Fisioterapeuta.

Márcia Luciane Drumond das Chagas e Vallone
Fisioterapeuta. Especialista em Fisioterapia Neurológica pela UFMG. Especialista em Saúde Pública pela UNAERP. Mestre em Ciências da Reabilitação pela UFMG. Docente da Pontifícia Universidade Católica de Minas Gerais. Coordenadora do Núcleo de Meio Ambiente e Saúde da Pró-Reitoria de Extensão da PUC Minas.

Mariana Ribeiro Volpini Lana
Fisioterapeuta. Especialista em Reabilitação Neurológica pela FCMMG. Mestre e Doutora em Bioengenharia pela UFMG com período sanduíche na Swiss Federal Institute of Technology (ETH-Zurich). Supervisora Técnica da Oficina Ortopédica da Associação Mineira de Reabilitação (AMR). Docente da Universidade FUMEC e do Centro Universitário Estácio BH.

Milenne Furrier Silva Bueno Abreu
Fisioterapeuta. Especialista em Fisioterapia Dermato Funcional pelo Centro Universitário Estácio de Belo Horizonte.

Nayara Corrêa Ferreira Magalhães
Fisioterapeuta.

APRESENTAÇÃO

A presente obra reúne temas atuais da fisioterapia nas diversas áreas de atuação, acompanhando a rápida evolução da ciência.

Trata-se de temática extremamente relevante que cumpre a função de reunir conhecimentos englobando avaliação e intervenção, para auxiliar na formação dos profissionais de reabilitação.

Desta forma, o presente trabalho é resultado da competência e do compromisso dos professores e estudantes do curso de Fisioterapia do Centro Universitário Estácio BH, aos quais agradeço pela oportunidade do trabalho em conjunto, bem como pelo empenho e pela dedicação, imprescindíveis ao fechamento deste projeto que busca a excelência no atendimento ao paciente.

Mariana Ribeiro Volpini Lana
Belo Horizonte, março de 2016.

SUMÁRIO

Capítulo 1 11
Atualizações na reabilitação da marcha de crianças e adolescentes com Paralisia Cerebral

Capítulo 2 29
Exercícios Osteoindutor: Avaliação Clínica do Risco de Quedas e Medo de Cair em Idosas Osteoporóticas

Capítulo 3 61
Atividade Física: Repercussão na Qualidade de Vida de Pacientes com Miocardiopatia Chagásica

Capítulo 4 81
Marcha na Paralisia Cerebral: Estudo da Correlação entre o Teste de Caminhada e a Eletromiografia

Capítulo 5 115
Variáveis de Treinamento para o Ganho de Flexibilidade

Capítulo 6 127
Atuação do fisioterapeuta na educação para a saúde: Verificação da adesão da população atendida pelo SUS do município de Nova Lima -MG às Campanhas Outubro Rosa e Novembro Azul de 2014

Capítulo 1

Atualizações na reabilitação da marcha de crianças e adolescentes com Paralisia Cerebral

Mariana Ribeiro Volpini Lana

INTRODUÇÃO

Paralisia cerebral (PC) é um conjunto heterogêneo de disfunções motoras não progressivas decorrente de uma lesão no cérebro que ocorre no período pré-natal, perinatal ou pós-natal até os 2 dois de idade[1]. A incidência de PC é maior em países em desenvolvimento. No Brasil estima-se cerca de 30.000 a 40.000 novos casos por ano[2].

A lesão neurológica que ocorre no cérebro imaturo resulta em controle motor anormal. A desordem musculoesquelética afeta o equilíbrio e a estabilidade em ortostatismo e a habilidade de andar e, como consequência, a marcha das crianças com paralisia cerebral apresenta um pobre desempenho quando comparada a de crianças com desenvolvimento típico, o que leva a dificuldades em suas atividades do cotidiano[3].

Para a maioria dos indivíduos, a forma mais comum de propelir o corpo para frente é a partir da posição bípede onde a base de suporte se alterna de uma perna a outra[4].

O ciclo da marcha é definido como o período entre o toque de calcanhar de um membro inferior ao toque de calcanhar deste mesmo membro, incluindo uma fase de Apoio e uma fase de Balanço[5]. Esse ciclo recebe o nome de passada e apresenta um padrão cíclico e simétrico que irá se repetir desde que o indivíduo não altere a velocidade, a direção ou o terreno[4].

A fase de Apoio corresponde ao período em que o pé está em contato com o solo e a fase de Balanço ao momento em que o pé não está no chão e, em geral, correspondem a 62% e 38% do ciclo da marcha respectivamente[4].

A fase de Apoio inclui dois períodos de apoio duplo onde cada um dura aproximadamente 12% do ciclo. Estes períodos ocorrem durante a transição entre as fases de Apoio e Balanço e tendem a reduzir a zero à medida que a velocidade da marcha aumenta, tendendo a corrida. O apoio simples complementa os restantes 38% da fase de Apoio, que corresponde a fase de Balanço da perna oposta, como pode ser observado na figura 1[4].

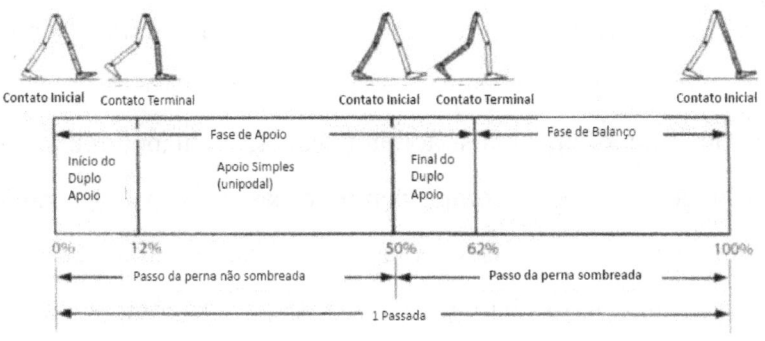

FONTE: Modificado de Carollo e Matthews[4].

FIGURA 1: Ciclo da marcha dividido em Fase de Balanço e Fase de Apoio com dois períodos de apoio simples e dois períodos de apoio duplo.

DESENVOLVIMENTO DA MARCHA NORMAL E PATOLÓGICA

A maturação e o desenvolvimento das habilidades motoras são bem conhecidos. Muitos autores identificaram e sequenciaram as etapas do desenvolvimento motor normal. Segundo Sutherland et al.[6] a criança alcança a habilidade de sentar aproximadamente aos seis meses, de engatinhar aos nove, de andar com apoio aos 12 meses e de andar sem apoio com 15 meses.

No início da marcha independente os passos são curtos, a base é alargada, a cadencia é alta e a fase de Balanço curta. Depois dessa fase inicial de exploração, gradualmente a base alargada diminui, os movimentos se tornam suaves, o balanço recíproco dos braços aparece, o comprimento do passo e o padrão adulto de marcha emerge. Existe um consenso geral de que o desenvolvimento das habilidades da marcha está completo aos 5 anos[6,7].

A marcha na PC não é adquirida apenas tardiamente, mas apresenta-se também com um padrão anormal[8]. A fraqueza muscular e as limitações frequentemente encontradas nas amplitudes de movimento articulares (ADM) das crianças espásticas alteram a geração de torque resultando em alterações nas características temporais da marcha[9].

14

A marcha em crianças com paralisia cerebral é caracterizada pela baixa velocidade, comprimento do passo e da passada mais curtos e prolongamento da fase de Apoio, em especial do apoio duplo[10,11].

O estudo contínuo das alterações dos mecanismos de controle motor e o desenvolvimento de intervenções clínicas para melhorar a função motora são sempre de grande importância. Para tanto, o desenvolvimento de avaliações, por meio de testes padronizados, para verificação da manifestação da anormalidade, bem como os efeitos das intervenções clínicas, são imprescindíveis[12].

Testes de marcha apropriados fornecem informações importantes a respeito da capacidade locomotora na comunidade de crianças e adolescentes com paralisia cerebral, sendo, portanto, utilizados para o planejamento dos programas de exercícios ou das intervenções terapêuticas[13].

O teste de caminhada de 6 minutos (6MWT) é um teste simples no qual a distância percorrida em 6 minutos realizada por meio de uma caminhada com esforço submáximo é medida[14]. Este teste também é utilizado como uma medida do condicionamento cardiopulmonar em indivíduos com paralisia cerebral[14]. Estudos revelaram que indivíduos que não necessitam de dispositivos auxiliares de marcha percorrem uma distância maior quando comparados com aqueles que os utilizam[13].

O teste de caminhada de 10 metros (10MWT) mede o tempo (em segundos) gasto pelo paciente para percorrer a distância de 10 metros[15]. O participante é orientado a andar a uma velocidade confortável por 10 metros. Na versão *"flying"* o indivíduo caminha por 14 metros e elimina-se os 2 metros iniciais de aceleração e os 2 metros finais de desaceleração, realizando-se a medida apenas nos 10 metros intermediários[16].

EVIDÊNCIAS CIENTÍFICAS

Nos últimos anos a área da reabilitação neurológica tem adotado dispositivos robóticos com o intuito de auxiliar o tratamento de indivíduos com disfunções neuromotoras diversas[17,18].

Idealmente, para o paciente reaprender a andar é necessário que ele treine repetidamente os movimentos específicos da marcha em um padrão fisiológico[19]. Diversos estudos demonstraram que diferentes técnicas de reabilitação da marcha são úteis em seu tratamento[20]. No entanto, um dos problemas da terapia convencional é a necessidade, na maioria dos casos, de pelo menos dois fisioterapeutas para que a facilitação da marcha seja realizada adequadamente.

Durante essa técnica cada terapeuta posiciona-se próximo a um membro inferior e então esse membro é guiado por meio das mãos dos mesmos na tentativa de promover ao paciente um padrão fisiológico de marcha.

Um dos grandes problemas é que a terapia convencional de reabilitação da marcha não impede movimentos compensatórios realizados pelo paciente e exige um enorme esforço físico para os terapeutas sendo por isso, extremamente extenuante[19]. Dessa forma, torna-se impossível a manutenção do tratamento por tempo prolongado o suficiente, o que não favorece o aprendizado motor.

A introdução dos dispositivos robóticos tem por objetivo diminuir essas limitações aumentando a quantidade e qualidade das atividades físicas de indivíduos com disfunções neuromotoras, promovendo resultados funcionais e, consequentemente, melhorando a participação dos mesmos em atividades de vida diária[21].

Uma vez que os dispositivos robóticos são ativados por meio de motores, eles são capazes de promover um estímulo simétrico, cíclico e prolongado.

Pesquisas indicaram que o treinamento mais intensivo e específico de uma tarefa promovido por dispositivos robóticos alcançam mais benefícios quando comparados ao treino convencional[21,22]. Eles apresentam a vantagem de promover um treino de marcha repetitivo de forma cíclica, simétrica, prolongada, sem dominância de um lado sobre o outro e sem o emprego de estratégias compensatórios pelo paciente[23].

IMPLEMENTAÇÃO DA TÉCNICA

A reabilitação da marcha de indivíduos com disfunções neurológicas é um importante objetivo terapêutico, uma vez que apresenta impacto direto na independência e autonomia do paciente[20].

Uma das limitações reconhecidas do treino de marcha na esteira é a grande demanda imposta aos terapeutas durante as sessões de treinamento, decorrente da assistência manual realizada para diminuir as limitações do controle motor comprometido dos membros inferiores e/ou do tronco. A facilitação contínua dos passos é extenuante para os terapeutas, comprometendo a duração e a consistência do treinamento[21].

Embora os dispositivos robóticos parecem promover vantagens em relação ao treino de marcha convencional, essas tecnologias continuam tendo um custo elevado, o que limita sua disponibilidade em especial em países em desenvolvimento, como o Brasil.

Atualmente, há apenas dois centros de reabilitação com unidades disponíveis, ambos no estado de São Paulo, instalados na Associação de Assistência à Criança Deficiente (AACD) e na rede de reabilitação Lucy Montoro, sendo esse equipamento o Lokomat da empresa suíça Hocoma.

Embora não seja um dispositivo robótico, a modalidade do treino de marcha com suporte parcial de peso tem sido bastante utilizada por ser simples, barata e de fácil aplicabilidade e será tratada a seguir.

Treino de marcha na esteira com suporte parcial de peso

O treino de marcha na esteira com suporte parcial de peso é um treino específico de uma tarefa, muito empregado em crianças que estão desenvolvendo ou aperfeiçoando a marcha, com o intuito de melhorar a locomoção desses pacientes[24,25].

Essa modalidade terapêutica utiliza um suporte vertical capaz de sustentar parte do peso do paciente que está sob uma esteira. Desta forma, o indivíduo mantém-se em um ambiente seguro, possibilitando que o terapeuta esteja mais livre para observar e fornecer *feedback* tátil, verbal e visual para o mesmo e promovendo uma sessão de treinamento mais prolongado[25].

Entretanto, em muitos casos, em especial nos indivíduos cujo comprometimento motor é mais severo, o treino com o suporte parcial de peso não dispensa o auxílio do terapeuta que irá guiar as pernas do paciente por meio de suas mãos ao longo de uma trajetória de marcha. Essa técnica pode ser executada com até três fisioterapeutas, sendo um terapeuta em cada membro inferior e o terceiro realizando a facilitação de quadril[26].

Pesquisas recentes revelaram que os programas de treinamento de marcha que incluíam o treino com o suporte parcial de peso foram mais eficazes em melhorar parâmetros espaço-temporais da marcha de indivíduos com lesão neurológica quando comparados a programas não específico para esta tarefa[24].

Apesar do treino de marcha na esteira com suporte parcial de peso promover um treinamento físico de força e de resistência de uma tarefa específica de forma repetitiva, sendo portanto, consistente com os princípios de fisiologia do exercício e de controle motor reportado na literatura científica, os protocolos de treinamento ainda não são bem estabelecidos havendo ainda divergências nesse quesito, uma vez que muitos dos parâmetros de treinamento como, por exemplo, a velocidade e a porcentagem de peso sustentado pelo equipamento, são escolhas individuais dos terapeutas[27].

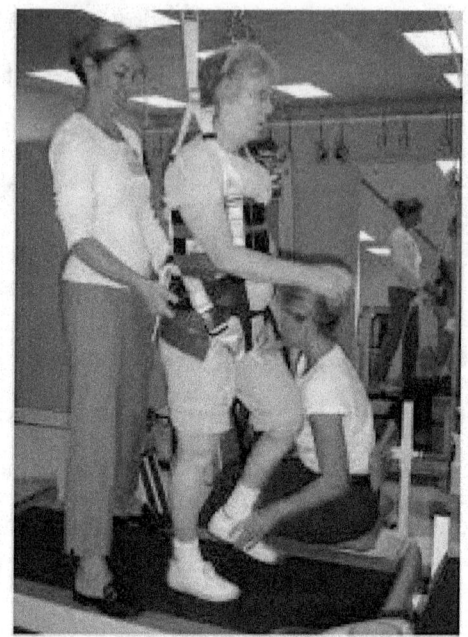

Fonte: Duncan *et al.*[28]

Figura 2: Treino de marcha de um paciente com disfunção neuromotora do tipo hemiplegia com suporte parcial de peso e assistência de dois terapeutas. Um terapeuta realiza a facilitação da marcha pelo quadril enquanto o segundo, guia o membro plégico ao longo de uma trajetória cinemática de marcha.

Lokomat

O Lokomat é um dispositivo robótico que consiste de uma órtese mecânica para marcha com atuadores nas articulações do quadril e joelho controlados por computador e um sistema de suporte vertical de peso[29]. Esse robô tem sido amplamente utilizado na reabilitação de diferentes desordens do movimento possuindo a capacidade de variar o nível de assistência que um usuário recebe por meio de regulagem da força de facilitação que o robô exerce. Reduzindo-se a força de facilitação da marcha, permite-se uma participação mais livre e ativa do paciente durante a sessão de treinamento.

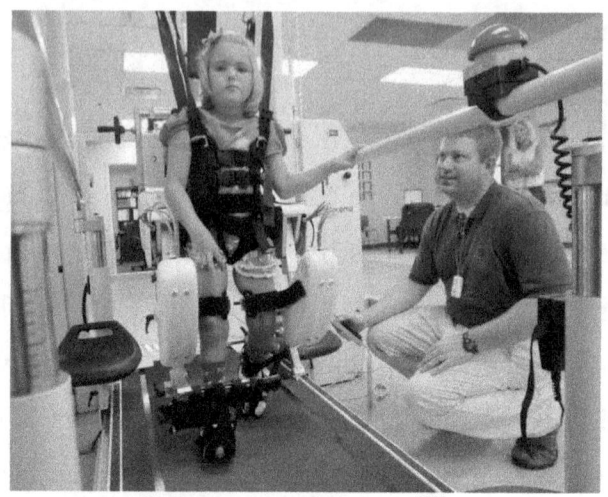

Fonte: www.rozdoum.com[30]

Figura 3: Lokomat sendo utilizado por uma criança de 6 anos de idade no centro de reabilitação robótica do Hospital Riley para crianças em Indianápolis.

REFERÊNCIAS

[1] Lauer RT et al. Assessment of wavelet analysis of gait in children with typical development and cerebral palsy. *Journal of Biomechanics*. 2005; 38:1351-7.

[2] Mancini MC et al. Comparação do desempenho de atividades funcionais em crianças com desenvolvimento normal e crianças com paralisia cerebral. *Arquivos de Neuro-psiquiatria*. 2002; 60(2-B):446–52.

[3] Dini PD, David AC. Repeatability of spatiotemporal gait parameters: comparison between normal children and children with hemiplegic spastic cerebral palsy. *Revista Brasileira de Fisioterapia.* 2009; 13(3):215-22.

[4] Carollo JJ, Matthews D. Strategies for clinical motion analysis based on functional decomposition of gait cycle. *Physical Medicine and Rehabilitation Clinics of North America.* 2002; 14:949-77.

[5] Burnett NC, Johnson EW. Development of gait in childhood: Part II. *Develop. Med. Child Neurol.* 1971; 13:207-15.

[6] Sutherland DH et al. The development of Mature Gait. *The Journal of bone and joint surgery.* 1980; 62(3):336-53.

[7] Bly L. *Motor Skills acquisition in the first year: an illustrated guide to normal development.* Texas: Therapy Skill Builders, 1994.

[8] Bobath B, Bobath K. *Desenvolvimento motor nos diferentes tipos de paralisia cerebral.* 1.ed. São Paulo:Manolo, 1989.

[9] Downing AL et al. Temporal characteristics of lower extremity moment generation in children with cerebral palsy. *Muscle nerve.* 2009; 39(6):800-9.

[10] Kim CJ, Son SM. Comparison of Spatiotemporal Gait Parameters between Children with Normal Development and Children with Diplegic Cerebral Palsy. *Journal of Physical Therapy Science.* 2014; 26(9):1317-9.

[11] Chang JK, Sung MS. Comparison of spatiotemporal gait parameters between children with normal development and children with diplegic cerebral palsy. *Journal of Physical Therapy* Science. 2014; 26:1317–9.

[12] Tao W et al. Multi-scale complexity analysis of muscle coactivation during gait in children with cerebral palsy. *Frontiers in Human Neuroscience.* 2015; 9:367.

[13] Ferland C, Moffet H, Maltais DB. Locomotor tests predict community mobility in children and youth with cerebral palsy. *Adapted Physical Activity Quarterly.* 2012; 29:266-77.

[14] Slaman J et al. The six-minute wlak test cannot predict peak cardiopulmonary fitness in ambulatory adolescents and Young adults with cerebral palsy. *Archives of Physical Medicine and Rehabilitation.* 2013; 94:2227-33.

[15] Bergnoche D, Pitetti KH. Effects of traditional treatment and partial body weight skills of children with spastic cerebral palsy: a pilot study. *Pediatric Physical Therapy.* 2007; 19 (1):11-9.

[16] Van Hedel HJ, Dietz V, Curt A. Assessment of walking speed and distance in subjects with an incomplete spinal cord injury. *Neurorehabilitation and Neural repair.* 2007; 21(4):295-301.

[17] Hidler J, Wisman W, Neckel N. Kinematic trajectories while walking within the Lokomat robotic gait-orthosis. *Clinical biomechanics.* 2008; 23:1251-9.

[18] Chin LF, Lim WS. Kong KH. Evaluation of robotic-assisted locomotor training outcomes at a rehabilitation center in Singapore. *Singapore Medical Journal*. 2010; 51(9):709-15.

[19] Schmidt H et al. Gait rehabilitation machines based on programmable footplates. *Journal of NeuroEngineering and Rehabilitation*. 2007; 4(2):1-7.

[20] Gandolfi M et al. Robot-assited vs. sensory integration training in treating gait and balance dysfunction in patients withmultiple sclerosis: a randomized controlled trial. *Frontiers in Human Neuroscience*. 2014; 8 (article 318):1-14.

[21] Hidler J et al. Multicenter Randomized Clinical Trial Evaluating the Effectiveness of the Lokomat in Subacute Stroke. *Neurorehabilitation and Neural Repair*. 2009; 23(1):5-13.

[22] Hidler J, Wisman W, Neckel N. Kinematic trajectories while walking within the Lokomat robotic gait-orthosis. *Clinical Biomechanics*. 2008; 23:1251-9.

[23] Westlake K, Patten C. Pilot study of lokomat versus manual-assited treadmill training for locomotor recovery post-stroke. *Journal of NeuroEngineering and Rehabilitation*. 2009; 6:18.

[24] Duncan PW et al. Protocol for the locomotor experience applied post-stroke (LEAPS) trial: a randomized controlled trial. *Bio Med Central Neurology*. 2007; 7:39.

[25] Lowe L, McMillan AG, Yates C. Body weight support treadmill training for children with developmental delay who are ambulatory. *Pediatric Physical Therapy.* 2015; 27(4):386-94.

[26] Mirbagheri MM et al. Therapeutic effects of robot assisted locomotor training on neuromuscular properties. *Proceeding of the 205 IEEE. 9th International Conference on Rehabilitation Robotics*, 28 Jun-Jul, 2005, Chicago, IL, USA.

[27] Damiano DL, Dejong SL. Systematic review of the effectiveness of treadmill training and body weight support in pediatric rehabilitation. *Journal of neurologic Physical Therapy.* 2009; 33(1):27-44.

[28] Duncan PW et al. *Protocol for the locomotor experience applied post-stroke (LEAPS) trial: a randomized controlled trial.* 2016. Disponível em: <https://www.researchgate.net/figure/ 5850939_fig1_Figure-2-Locomotor-Training-Program-LTP-Body-weight-support-with-treadmill-training>. Acesso em: 09 de março de 2016.

[29] Calabrò RS et al. Can robot-assisted movement training (Lokomat) improve functional recovery and psychological well-being in chronic stroke? Promising findings from a case study. *Functional Neurology* 2014; 29(2):139-41.

[30] _____. Disponível em: www.rozdoum.com.br. Acesso em: 18 de janeiro de 2016.

Capítulo 2

Exercícios Osteoindutor: Avaliação Clínica do Risco de Quedas e Medo de Cair em Idosas Osteoporóticas

Daniela Maria da Cruz dos Anjos
Érika Lorena Fonseca Costa de Alvarenga
Edenia Paula de Andrade Corrêa
Juliana Pinto de Souza
Emanuelly Raissa Alves dos Santos
Clarissa Soares Fonseca

INTRODUÇÃO

A osteoporose e as fraturas relacionadas a essa condição são um sério problema de saúde pública em todo o mundo por causa da morbidade, mortalidade e dos problemas de saúde relacionados a essa condição[1]. Devido a transição demográfica, a incidência de fratura relacionadas a osteoporose estão projetadas para aumentar.

O envelhecimento é um fenômeno mundial, e no Brasil vem acontecendo de forma intensa e acelerada. O Brasil será o sexto país do mundo em número de idosos, com mais de 30 milhões de idosos em 2020. Estima-se que em 2050, 20% da população total terá 60 ou mais[2].

A osteopenia e a osteoporose são desordens de origem osteometabólicas sendo a osteopenia relacionada com alterações fisiológicas do envelhecimento, caracterizada somente por perda da massa óssea, sem intercorrência de fraturas. Já a osteoporose é uma doença caracterizada por deterioração microarquitetural do tecido ósseo, com redução da massa óssea em níveis insuficientes para a função de sustentação, tendo como consequência, elevado risco de fratura[3].

Dentre as diversas causas da osteoporose, esta pode ser provocada pela disparidade na produção dos osteoblastos que são células responsáveis por sintetizar a parte orgânica da matriz óssea, composta por colágeno tipo I, glicoproteínas, proteoglicanas e fosfato de cálcio, participando da mineralização da matriz, em relação aos osteoclastos que participam dos processos de absorção e remodelação do osso, causando uma desproporção na atividade celular óssea[4]. Em mulheres estima-se que mais de 50% das fraturas por fragilidade ocorrem em pessoas com "osteopenia" (-1,0 DMO T-score para -2,5 SD) e não "osteoporose" (T- Score ≤ -2,5 DP)[5]. Ocorre principalmente entre mulheres, que na pós-menopausa sofrem uma diminuição acelerada da massa óssea, que pode ser até dez vezes maior que a observada no período pré-menopausa. A perda óssea pós-menopausal ocorre em duas fases: uma fase de rápida perda óssea sendo que nos primeiros cinco a dez anos que se seguem à última menstruação essa perda pode ser de 2% a 4% por ano para osso trabecular e de 1% para o osso cortical. Subsequentemente ocorre a fase de perda óssea lenta e gradativa que é mais generalizada, afetando tanto mulheres como os homens com idade média de 55 anos.

O mecanismo da primeira fase em mulheres está relacionado a deficiência de estrógeno. Uma vez que os níveis séricos deste hormônio reduzem em aproximadamente 90% no período menopausal[6]. A ação do estrógeno sobre a massa óssea é primordialmente antirreabsortiva, de forma indireta sob as células osteoclásticas que promovem a reabsorção óssea, pois na presença do estrógeno ocorre inibição da liberação de algumas citocinas (interleucinas 1, 6 e TNF) e fatores locais produzidos pelos osteoblastos. Estes fatores estimulam a formação de osteoclastos nas unidades de remodelação óssea e promovem maior atividade desta linhagem celular[7].

Apesar de a perda óssea após a menopausa ser maior no osso trabecular, como consequência da queda brusca da concentração de estrógenos, outros fatores afetam de modo progressivo e mais lento essa perda, tanto no osso cortical quanto no trabecular. A osteoporose pós-menopausa e a osteopenia senil são formas primárias de osteoporose consideradas involucionais. Somado a isso, a maior prevalência no sexo feminino pode ser explicada em parte pelo fenômeno da feminização da velhice verificada no envelhecimento populacional mundial[8]. Esse fenômeno caracteriza-se pelo aumento mais expressivo do contingente feminino em relação ao masculino no envelhecimento populacional devido aos fatores hormonais descrito anteriormente[8]. Além disso, as mulheres no Brasil apresentam expectativa de vida maior que os homens, 78,3 anos contra 71[9]. Contudo, embora vivam mais, as mulheres passam por um período de debilidade física, o que as fazem ser mais dependente de cuidados.

A maioria das fraturas osteoporóticas são devido a uma queda ou trauma mínimo[10,11,12]. Sendo assim, existe um interesse considerável da comunidade científica na identificação de estratégias seguras, eficazes e amplamente acessíveis a comunidade para lidar com fatores de risco relacionados a fratura, especialmente redução da densidade óssea, fraqueza muscular, alteração da mobilidade funcional e aumento do risco de quedas.

As quedas são mais frequentes em mulheres e sua ocorrência aumenta com a idade. Segundo Ansai et al. [13], no Brasil cerca de 30% dos idosos caem pelo menos uma vez ao ano, sendo 32% dos idosos entre 65 e 74 anos, 35% de 75 a 84 anos e 51% acima de 85 anos de idade. Em idosos com histórico de quedas, entre 5 a 10% apresentam graves consequências como fraturas, traumatismo craniano e lacerações sérias. Com isso há a possibilidade de reduzir a mobilidade funcional e independência, aumentando as chances de morte prematura. As mulheres no período pós-menopausa são ainda mais vulneráveis a fraturas devido à osteopenia/osteoporose e as quedas são especialmente importantes para essa população[14].

O medo de cair costuma ser descrito como um sentimento de grande inquietação diante de um perigo real, aparente ou imaginário de quedas[15]. Atualmente os estudos têm definido o medo de cair como baixa autoeficácia ou baixa confiança em evitar quedas. A autoeficácia é compreendida como autoconfiança, verifica-se que pessoas com alta autoeficácia normalmente são capazes de superar situações desafiadoras, focando-se mais nas tarefas que nos obstáculos, programando assim estratégias que permitem superar suas limitações. Já pessoas com baixa autoeficácia tendem a focar muito mais nas suas limitações, enfatizando as deficiências. Acredita-se que pessoas que resistem as situações ameaçadoras, fugindo delas, talvez impeçam o desenvolvimento de habilidades capazes de superar tais limitações[15]. A prevalência do medo de cair em idosos da comunidade varia de 29% a 92% entre os caidores e de 12% a 65% entre os idosos sem história de quedas[16,17]. Portanto, o medo de cair pode ou não estar associado às quedas, porém idosos que já caíram têm maiores possibilidades de manifestar o medo[18]. Além disso, tem sido reportado que a prevalência do medo de cair aumenta com a idade e é significativamente maior no sexo feminino[19,20,21].

É consensual na literatura especializada que atividades físicas de maior sobrecarga decorrente do peso corporal, bem como o treinamento de força, causem estímulos osteogênicos, devido ao aumento de estresse mecânico localizado nos ossos[22].

Diretrizes internacionais recomendam exercícios de resistência com exercícios de equilíbrio para melhorar vários fatores de risco para quedas e fraturas[23]. Com a prática regular de exercícios físicos se consegue fortalecimento da musculatura, melhora do equilíbrio e da estabilidade postural, resultando na diminuição do risco de quedas e do medo de cair, consequentemente reduz a imobilização e aumenta a independência nas atividades de vida diária[24]. Segundo Lustosa et al. [25], dentre as diversas práticas de exercícios, como de fortalecimento muscular, treino de flexibilidade e de resistência, a intervenção que inclui treino de equilíbrio foi a mais eficiente para reduzir de forma significativa as quedas. Essa observação sugere que déficit de equilíbrio pela falta de atividade física regular aumenta o risco de incapacidade nos idosos e poderia ter uma relação mais direta com as quedas do que com a força, a flexibilidade ou o déficit de resistência.

Segundo Cadore *et al.* [26], numerosos estudos indicam que a atividade física está positivamente relacionada com a Densitometria Mineral Óssea (DMO), sendo um importante fator de manutenção de massa óssea. Alguns estudos relacionaram os efeitos de diversas modalidades esportivas na DMO de atletas ou indivíduos fisicamente ativos. Entre esses estudos, alguns utilizaram o treinamento de força como intervenção, na tentativa de aumentar a DMO de indivíduos submetidos a esse tipo de atividade física. Geralmente, os mesmos estudos têm mostrado resultados positivos em relação à DMO.

A atividade física regular influencia a manutenção das funções normais do tecido ósseo[27]. Sendo assim, tornou-se necessário pesquisar intervenções fisioterapêuticas que poderiam impactar na remodelação óssea, aumento da capacidade física em idosas com quadro de osteopenia/osteoporose, risco de queda e medo de cair. O projeto de pesquisa "Validação e Implantação do Programa de Exercícios Direcionados a Osteogênese (PEDO) como Tratamento Conservador para Osteopenia e Osteoporose" desenvolvido no Centro Universitário Estácio de Belo Horizonte, implantou um programa de exercícios que consiste em exercícios dinâmicos de impacto no eixo longitudinal do osso com redução progressiva da sobrecarga no intuito de estimular a atividade celular, interferindo no equilíbrio entre deposição e reabsorção óssea, levando a formação de tecido ósseo. Os exercícios dinâmicos de impacto no eixo longitudinal do osso, possuem características que podem desenvolver estabilidade postural e o equilíbrio. Este programa pode assim, impactar na força, tempo de reação e equilíbrio, no risco de quedas e medo de cair das idosas. Sendo assim, o objetivo do presente estudo é verificar o impacto de um programa de exercícios osteogênicos (PEDO) no risco de quedas e medo de cair em mulheres com osteopenia/osteoporose. Para o desenvolvimento desse objetivo, esse estudo irá também: (a) comparar os testes funcionais de sensibilidade periférica, marcha semi tandem (MST), step alternado (SA), teste de sentar e levantar – cinco vezes (TSL-5x), que compõem o QScreen, antes e após a intervenção; (b) comparar a avaliação da probabilidade de quedas e do medo de cair, antes e após a intervenção.

MATERIAIS E MÉTODO

Delineamento e Aspectos Éticos

É um estudo quasi-experimental (pré e pós- teste), aprovado pelo comitê de ética e pesquisa da UNESA (CEP: CAAE 45069014.5.0000.5284). Todas as participantes assinaram o termo de consentimento livre e esclarecido.

População

Participaram do estudo 14 idosas integrantes do projeto de "Validação e implementação do programa de exercícios direcionados a osteogênese (PEDO)" para indivíduos osteopênicos /osteoporóticos na cidade de Belo Horizonte realizado no Centro Universitário Estácio de BH. Os critérios de inclusão para o estudo foram mulheres com mais 60 anos que tivessem o diagnóstico médico de ostopenia/osteoporose comprovado por DMO e que assinassem o termo de consentimento livre e esclarecido. Os critérios de exclusão para o estudo foram pacientes com alterações cognitivas detectadas pelo Mini Exame do Estado Mental (MEEM), distúrbio de equilíbrio grave, hipertensão arterial sistêmica não controlada e pacientes com diabetes mellitus não controlada.

Instrumentos Utilizados

Para a caracterização da amostra, foi aplicado um questionário para a obtenção dos dados clínicos, sociodemográficos e realizadas as seguintes medidas antropométricas, Idade, Altura, Índice de Massa Corporal (IMC), Peso (kg), Circunferência da Cintura (CC), Circunferência do Quadril (CQ) e em seguida foram realizados questionários e testes avaliando a capacidade funcional e o equilíbrio.

Avaliação de Quedas

Foi feito um inquérito sobre quedas e aplicado o *QuickScreen Clinical Falls Risck Assessment (QScreen)*[28] para a avaliação da probabilidade de cair nos próximos 12 meses. Por meio do QuickScreen foi investigado o número de quedas nos últimos doze meses, número de medicação em uso; uso de psicotrópicos; déficit de visão e déficit de sensibilidade periférica, medida por meio do teste de sensibilidade tátil, com o monofilamento

(Semmes – Weinstein – SORRI) de 4,0 gramas (laranja), o pé do participante foi tocado uma vez no maléolo lateral do lado dominante, para que houvesse compreensão do teste, e três vezes para testá–lo. Sendo considerado positivo quando o participante não se mostrava capaz de sentir pelo menos dois dos três estímulos aplicados.

Foi avaliada a força; o tempo de reação e equilíbrio por meio do desempenho no teste de Marcha Semi Tandem (MST) - Teste funcional para equilíbrio estático, o sujeito é orientado a ficar de pé de modo que o calcâneo do pé não dominante fique a frente dos artelhos do outro pé. A interpretação consiste no tempo em que a pessoa fica de pé, até o tempo máximo de 30 segundos, se a pessoa não conseguir atingir o tempo previsto de 10 segundos o teste é positivo e demonstra déficit de equilíbrio. Na primeira medida a pessoa realiza a tarefa com olhos abertos e a segunda medida com os olhos fechados.

Step Alternado – Teste funcional para equilíbrio dinâmico onde o sujeito sobe e desce com a perna dominante em um degrau de 18 cm o mais rápido possível repetindo o movimento 8 vezes. A interpretação consiste em calcular o tempo gasto na execução do exercício, sendo 10 segundos o tempo previsto e se esse tempo fosse ultrapassado o teste é positivo para déficit de equilíbrio.

Teste de Sentar e Levantar – Cinco Vezes - Este teste foi realizado em uma cadeira padrão de (45 cm) e consiste em realizar o movimento de sentar e levantar o mais rápido possível com os braços cruzados sob o peito e pés apoiados no chão, em cinco repetições. A interpretação se dá no cálculo do tempo gasto para realizá-lo, que deve ser de no máximo 12 segundos, caso ultrapassado esse tempo o teste é positivo para fraqueza muscular.

A probabilidade de cair é calculada em relação ao número de fatores de risco para quedas que as idosas apresentam: de 0 – 1 fator = 7 % da probabilidade do risco de queda; 2 – 3 fatores = 13% da probabilidade do risco de queda; 4 – 5 fatores = 27% da probabilidade do risco de queda e 6 ou + fatores = 49% da probabilidade do risco de queda[29].

Escala Internacional de Eficácia Funcional de Quedas (FES-I)

A FES-I avalia o medo de cair em 16 atividades diárias distintas, cujos valores variam de 16 pontos para os indivíduos sem qualquer preocupação em cair, até 64 pontos para os indivíduos com preocupação extrema[30].

Intervenção – Programa de Exercícios Direcionados a Osteogênese (PEDO)

Os avaliadores que participaram da pesquisa foram capacitados por meio de instruções padronizadas para a execução dos testes, bem como para enquadrar os sujeitos nos critérios de inclusão e exclusão no estudo. As variáveis foram registradas em fichas individuais, após a intervenção fisioterapêutica os testes foram reaplicados e comparados os resultados de antes e após a intervenção.

Na intervenção foi realizado o PEDO (Programa de Exercícios Direcionados a Osteogênese) que consiste em exercícios dinâmicos de impacto no eixo longitudinal ósseo com redução progressiva da sobrecarga, como também exercícios de alongamento e equilíbrio, supervisionados por um professor e um fisioterapeuta juntamente com os alunos participantes do projeto de iniciação científica. Foram realizados exercícios com saltos diversificados, treino de sentar e levantar da cadeira, corrida, trote e caminhada.

As sessões aconteceram duas vezes por semana com duração de uma hora foram realizadas as reavaliações e ao fim de cada reavaliação foi entregue a participante um relatório funcional com os resultados da avaliação e reavaliação.

Análise Estatística

As características da amostra no início do estudo estão apresentadas por meio de média e desvio–padrão. O teste de *Kolmogorov–Smirnov* foi utilizado para avaliar a normalidade dos dados. Para analisar achados pré e pós–intervenção, foi utilizado o teste t pareado para as variáveis com distribuição normal e nos casos em que a hipótese nula de normalidade foi rejeitada, utilizou–se o teste não paramétrico de *Wilcoxon*. Os dados foram analisados com nível de significância de 0,05.

RESULTADOS

As características descritivas da amostra no início do estudo e o histórico de quedas nos últimos 12 meses das idosas participantes do estudo, pré e pós–intervenção estão apresentados nas tabelas 1 e 2.

Tabela 1. Características descritivas das idosas osteopênicas/osteoporóticas no início do estudo (n = 14).

Variáveis	Média (DP)
Idade (anos)	67,0 (7,3)
Altura (cm)	1,53 (0,06)
Peso (Kg)	61,06 (10,1)
Índice de Massa Corporal (kg/m^2)	25,8 (3,8)
Circunferência da Cintura (cm)	86,6 (16,2)
Circunferência do Quadril (cm)	99,3 (8,6)
Mini Exame do Estado Mental	28,0 (1,67)
N° de Comorbidades, Média (DP)	3,64 (2,81)
Sedentários (%)	36%

*DP= Desvio Padrão; IMC=Índice de Massa Corporal; CC=Circunferência da Cintura; CQ=Circunferência do Quadril.

Tabela 2. Histórico de quedas nos últimos 12 meses.

Variáveis	Média (DP) %
Caídoras	0,42 (0,64)
Quedas no domicílio	35,71%
Quedas fora do domicílio	14,28%
Quedas acidentais	21,42%
Quedas por desequilíbrio	21,42%
Quedas provocadas por calçado	14,28%
Medo de cair	42,85%
Auto- eficácia de quedas	31 (2)

*DP=Desvio Padrão; % Porcentagem, sendo que 64,28% não caíram em 12 meses e 57,14% não tem medo de cair.

A Comparação do desempenho nos testes que avaliam força/tempo de reação e equilíbrio e também a probabilidade de quedas, antes e após a intervenção estão apresentadas nas figuras 1 e 2.

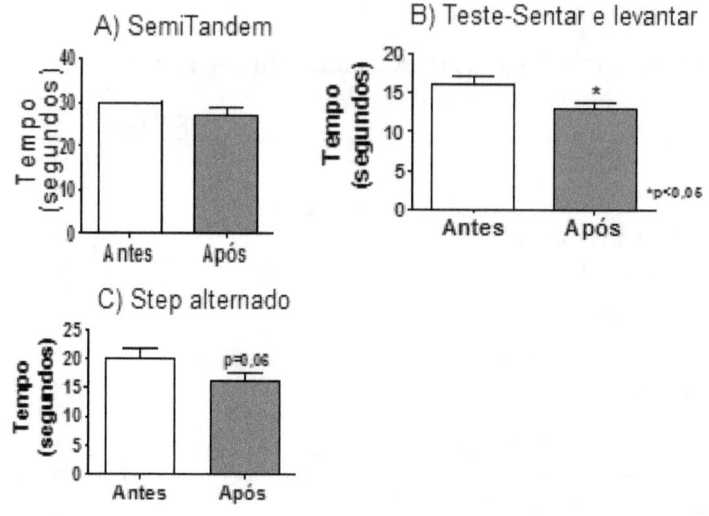

Figura 1: Comparação do desempenho em segundos nos testes funcionais: A) Semi Tandem, B) Sentar e Levantar-5x e C) Step alternado.

Na figura 1 todos os testes apresentaram redução no tempo de execução após a realização do programa de exercícios. Entretanto, no TSL-5x o tempo de execução foi reduzido significativamente ($p = < 0,05$) demonstrando melhora da força de membros inferiores da amostra. O teste SemiTandem apresentou "efeito teto", pois as idosas que conseguissem se manter na postura por até 10 segundos eram consideradas sem alteração no teste, ou seja, as participantes não tinham alteração no teste. O teste step alterado apresentou redução no tempo de execução, porém sem significância estatística para p< 0,05.

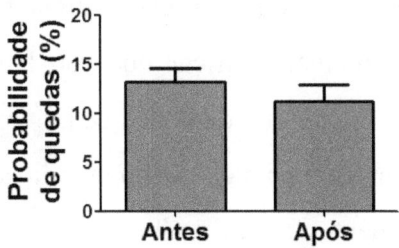

Figura 2: Comparação entre probabilidade de quedas dada em porcentagem e calculada pelo número de fatores de risco antes e após a intervenção.

Como pode-se observar na figura 2, a probabilidade de cair não apresentou diferença estatística entre a linha de base e pós – intervenção (p > 0,05). Não houve também diferença na autoeficácia de quedas antes e após a intervenção (p > 0,05).

DISCUSSÃO

O presente estudo descreve um programa de exercícios físicos direcionados à osteogênese (PEDO), como estratégia de intervenção fisioterapêutica e sua influência no risco de quedas, no medo de cair e na saúde física de idosas com osteopenia/osteoporose por meio dos testes funcionais de Marcha Semi Tandem e o Teste de Sentar e Levantar – Cinco Vezes. Após três meses de intervenção e diante dos resultados encontrados foi possível verificar que não houve impacto do PEDO em relação à probabilidade de quedas e no medo de cair, porém foi apresentada uma melhora na mobilidade funcional das idosas, principalmente através do Teste de Sentar e Levantar – Cinco Vezes.

A WHO[31] classifica cronologicamente como idosas, pessoas com mais de 65 anos de idade em países desenvolvidos e com mais de 60 anos nos países em desenvolvimento. Segundo o Estatuto do Idoso[32] para a geriatria, ramo da medicina que foca o estudo da prevenção e o tratamento de doenças e da incapacidade em idades avançadas, a pessoa só é considerada da terceira idade após completar 75 anos, sendo que nesta faixa etária geralmente começa-se efetivamente um declínio de todo o conjunto orgânico, aparecem alterações próprias do envelhecimento que podem afetar a capacidade funcional das idosas. A amostra é composta por idosas jovens (± 69,5 anos), o que caracteriza um perfil jovem e fisicamente ativo com preservação da independência e autonomia, além disso, apresentaram índices de Circunferência da Cintura e Circunferência do Quadril aumentados, porém uma média de Índice de Massa Corporal dentro do valor de normalidade previsto para a faixa etária de acordo com a tabela de classificação sugerida por Lipschitz[33]. O valor de Índice de Massa Corporal normal reforça que a amostragem não apresenta fator de risco relacionado ao peso para incapacidades funcionais ou risco de quedas.

A queda nos idosos é sempre multifatorial, foi utilizada nesse estudo a avaliação do risco de quedas feita por meio do *QuickScreen Clinical Falls Risk Assessment* (QScreen) de simples e rápida aplicação, confiável e de validade externa adequada, capaz de identificar idosos com vulnerabilidade a quedas.

Outros fatores de risco avaliados são a força, o tempo de reação e o equilíbrio através da performance resultante dos testes funcionais de Marcha Semi Tanden (MST), Teste de Sentar e Levantar-Cinco Vezes (TSL-5x) e Step Alternado (SA) que compõem o QuickScreen. A avaliação do equilíbrio é muito importante para os profissionais da reabilitação como o fisioterapeuta, porque se trata de um constructo modificável através da reabilitação com exercícios[34].

Este estudo constatou que 13 idosas (65%) não caíram no último ano e que 13 idosas apresentavam 13% de probabilidade de cair e o FES-I um escore médio de 31, significando que a amostra desse estudo tem baixa probabilidade de quedas e uma pequena preocupação em cair. Não houve diferença estatisticamente significativa na probabilidade de cair e na autoeficácia de quedas entre a linha de base e pós-intervenção. Esse fato pode ser explicado considerando as características homogêneas da amostra, composta apenas por idosas ativas e com algum nível de atividade física. Outra explicação está no fato de que as participantes do programa PEDO realizaram as atividades por um período de três meses, incluindo a reavaliação pós-intervenção e segundo Santos, Borges e Menezes[29], a probabilidade de quedas é avaliada após 12 meses do término da intervenção, esse fato justificaria a não influência do programa na autoeficácia para o risco de quedas, devido à inviabilidade de reavaliação das idosas após 12 meses da intervenção.

Para avaliar o medo de cair foi utilizada a Escala Internacional de Eficácia Funcional de Quedas (FES-I), cujos valores variam de 16 a 64 pontos na execução de 16 atividades diárias distintas, sendo 16 pontos para indivíduos sem qualquer preocupação em cair e 64 pontos para indivíduos extremamente preocupados[30]. Para Lopes *et al.* [15] alguns indivíduos dizem não ter medo de cair, somente uma preocupação em cair, sendo assim, estudos utilizam este termo para evitar que o estigma do medo de cair sugira fraqueza. O medo de cair não é somente influenciado por medidas físicas, há também questões psicológicas envolvidas, embora as causas não sejam claras, vários autores concordam com uma etiologia multifatorial neste processo de medo e preocupação em cair, que está por vezes atrelado a fatores adversos como qualidade de vida diminuída, aumento da fragilidade, redução da mobilidade, declínio funcional e até mesmo a depressão. Neste estudo, a média dos resultados para o medo de cair estava em nível baixo, as idosas da amostra relataram pouca preocupação em cair, por esse motivo o programa não teve impacto no medo de cair.

Neste estudo, uma das limitações para obtenção de resultados mais positivos foi a homogeneidade da amostra inscrita no programa. Percebe-se, então, a necessidade de que futuros estudos verifiquem a eficiência do PEDO em idosas caidoras. Portanto, a melhora promovida pelo PEDO nos demais testes funcionais também poderia ter sido mais significativa, caso a amostra fosse composta por idosas que tivessem maiores prejuízos na capacidade funcional, o que não era o caso, pois as participantes praticavam atividades físicas e tinham uma capacidade funcional dentro do esperado para a faixa etária. Embora este programa não tenha obtido resultados significativos que pudessem impactar na probabilidade de quedas e no medo de cair, durante os 3 meses de PEDO as idosas apresentaram melhora nos testes funcionais, na realização do teste step alternado, observamos redução do tempo de realização do teste após o término do PEDO (antes 19.85 ± 1.683, após 16.38 ± 1.130, sendo p=0.1). Após a intervenção houve melhora estatisticamente significativa no desempenho das idosas no TSL-5x (16s para 13s; $p<0,05$), demonstrando maior agilidade das idosas, comprovando a eficácia na melhoria da saúde física percebida promovida pelo PEDO. Este resultado tem uma importante relevância, porque o TSL-5X avalia a mobilidade funcional e a força de membro inferior que além de estar correlacionada com a queda e com o desempenho funcional, a interpretação dos resultados deve ser baseada na idade, pois quanto menor o tempo gasto para realizar a tarefa, melhor será o desempenho. Para Bohannon[35] o desempenho esperado em segundos, correspondente à faixa etária de 60 a 69 anos é de 11.4s, de 70 a 79 anos é de 12.6s e de 80 a 89 anos é de 14.8s para realizar o Teste de Sentar e Levantar - Cinco Vezes. Em média as idosas da amostra gastaram mais tempo na realização do teste do que o esperado correspondente à faixa etária, isso significa que as participantes apresentaram uma diminuição na mobilidade funcional e na força muscular, pois na pré-intervenção obtiveram um tempo de desempenho em segundos mais próximo da faixa etária de 80 a 89 anos e na pós intervenção foi constatada uma redução no tempo de realização do teste com desempenho em segundos mais próximo da faixa etária correspondente que nessa amostra era de 60 a 69 anos. Conclui-se que três meses de PEDO impactou na força muscular de membros inferiores e na mobilidade funcional das idosas osteoporóticas, evidenciadas por meio da melhora no desempenho dos testes funcionais, principalmente na performance do Teste de Sentar e Levantar - Cinco vezes. A melhora no tempo de reação, equilíbrio e força em idosas pode influenciar no risco de quedas no futuro, resultado não evidenciado no estudo em função de se tratar de idosas jovens, não caidoras e com pouca preocupação em cair.

OBS: Parte dos resultados deste artigo foram apresentados como trabalho de conclusão de curso no ano de 2015 pelas alunas Edenia Paula de Andrade Corrêa, Juliana Pinto de Souza e Emanuelly Raissa Alves dos Santos orientadas pela Prof.ª Daniela Maria da Cruz dos Anjos. O resumo do artigo foi apresentado no VII Seminário de Pesquisa da Estácio (UNESA) e no VIII Congresso de Geriatria e Gerontologia de Minas Gerais

REFERÊNCIAS

[1] Henry MJ et al. Prevalence of osteoporosis in Australian men and women: Geelong Osteoporosis Study. *Medical Journal of Australia*. 2011; 195(6):321–2.

[2] Carvalho JA, Rodriguez-Wong LL. The changing age distribution of the Brazilian population in the first half of the 21st century. *Cadernos de Saúde Pública*. 2008; 24(3):597-605.

[3] Faisal-Cury A, Zacchello KP. Osteoporose: prevalência e fatores de risco em mulheres de clínica privada maiores de 49 anos de idade. *Acta. Ortopédica Brasileira*. 2007; 15(3):146-50.

[4] Sampaio PRL, Bezerra AJC, Gomes L. A osteoporose e a mulher envelhecida: fatores de risco. *Revista Brasileira de Geriatria e Gerontologia do Rio de Janeiro*. 2011; 14(2):295-302.

[5] Sanders KM el al. Half the burden of fragility fractures in the community occur in women without osteoporosis. When is fracture prevention cost-effective? *Bone*. 2006; 38(5):694–700.

[6] Eastell R. *Pathogenesis of postmenopausal osteoporosis. Primer on the Metabolic Bone Diseases and Disorders of Mineral Metabolism.* Lippincott Ed. USA. 4. ed. 1999:260.

[7] Russo LAT. Osteoporose pós-menopausa: opções terapêuticas. *Arquivos Brasileiros de Endocrinologia e Metabologia*. 2001; 45(4):401-6.

[8] Veras R. Envelhecimento populacional contemporâneo: demandas, desafios e inovação. *Revista de Saúde Pública*. 2009; 43(3):548-54.

[9] Instituto Brasileiro de Geografia e Estatística – IBGE - 2013. Disponível em: <https://fernandonogueiracosta.wordpress.com/2010/12/16/piramide-etaria-brasileira/> Acesso em: 22 de maio de 2015.

[10] Gianoudis J et al. Osteo-cise: strong bones for life: protocol for a community-based randomised controlled trial of a multi-modal exercise and osteoporosis education program for older adults at risk of falls and fractures. *BMC Musculoskeletal Disorders*. 2012; 13:78.

[11] Sambrook PN et al. Influence of fall related factors and bone strength on fracture risk in the frail elderly. *Osteoporosis International*. 2007; 18(5):603–10.

[12] Rahman N, Penm E, Bhatia K. *Arthritis and musculoskeletal conditions in Australia* In: Arthritis Series Number 1. Canberra: Australian Institute of Health and Welfare. 2005.

[13] Ansai JH et al. Revisão de dois instrumentos clínicos de avaliação para predizer risco de quedas em idosos. *Revista Brasileira de Geriatria e Gerontologia*. 2014; 17(1):177-89.

[14] Santos NMF et al. Qualidade de vida e capacidade funcional de idosos com osteoporose. *Revista Mineira de Enfermagem*. 2012; 16(3):330-8.

[15] Lopes KT et al. Prevalência do medo de cair em uma população de idosos da comunidade e sua correlação com mobilidade, equilíbrio dinâmico, risco e histórico de quedas. *Revista Brasileira de Fisioterapia*. 2009; 13(3):223-9.

[16] Gai J, Gomes L, Jansen De Cárdenas C. Ptophobia: the fear of falling in elderly people. *Acta Médica Portuguesa*. 2009; 22(1):83-8.

[17] Jorstad EC et al. Measuring the psychological outcomes of falling: a systematic review. *Journal of American Geriatrics Society*. 2005; 53(3):501-10.

[18] Legters K. Fear of falling. *Physical Therapy*. 2002; 82(3):264-72.

[19] Tirado PA. Fear of falling. *Revista Española Geriatría y Gerontología*. 2010; 45(1):38-44.

[20] Scheffer AC et al. Fear of falling: measurement strategy, prevalence, risk factors and consequences among older persons. *Age Ageing.* 2008; 37(1):19-24.

[21] Zijlstra GA et al. Prevalence and correlates of fear of falling, and associated avoidance of activity in the general population of community-living older people. *Age Ageing.* 2007; 36(3):304-9.

[22] Creighton DL et al. Weight-bearing exercise and markers of bone turnover in female athletes. *Journal of Applied Physiology.* 2001; 90(2):565-70.

[23] Kohrt WM et al. Physical Activity and Bone Health. *Medicine & Science in Sports & Exercise. American College of Sports Medicine. Position Stand.* 2004; 36(11):1985-96.

[24] Costa AH, Silva CC. Fisioterapia na saúde do idoso: exercícios físicos na promoção da qualidade de vida. *Revista Hórus.* 2010; 4(1):194-207.

[25] Lustosa LP et al. Efeito de um programa de treinamento funcional no equilíbrio postural de idosas da comunidade. *Revista Fisioterapia e Pesquisa.* 2010; 17(2):153-6.

[26] Cadore EL, Brentano MA, Kruel LFM. Efeitos da atividade física na densidade mineral óssea e na remodelação do tecido ósseo. *Revista Brasileira de Medicina no Esporte.* 2005; 11(6):373-9.

[27] Santos ML, Borges GF. Exercício físico no tratamento e prevenção de idosos com osteoporose: uma revisão sistemática. *Revista Fisioterapia em Movimento.* 2010; 23(2):289-99.

[28] Tiedemann A, Lord S, Sherrington C. The development and validation of a brief performance-based fall risk assessment tool for use in primary care. *The Journals of Gerontology. Serie A, Biological Sciences and Medical Sciences.* 2010; 65(8):896-903.

[29] Santos FPV, Borges LL, Menezes RL. Correlação entre três instrumentos de avaliação para risco de quedas em idosos. *Revista Fisioterapia em Movimento.* 2013; 26(4):883-94.

[30] Camargos FF et al. Cross-cultural adaptation and evaluation of the psychometric properties of the Falls Efficacy Scale-International Among Elderly Brazilians (FES-I-BRAZIL). *Revista Brasileira de Fisioterapia.* 2010; 14(3):237-43.

[31] *World Heath Organization - WHO*, 2015. Disponível em: <hhttp://www.who.int/mediacentre/ factsheets/fs404/en/>. Acesso em: 09 de março de 2016.

[32] Estatuto do Idoso – *Quem pode ser considerado idoso.* 2002. Disponível em: <http://www. estatutodoidoso.com/quem-pode-ser-considerado-idoso/>. Acesso em: 22 de junho de 2015.

[33] Lipschitz DA. Screening for nutritional status in the elderly. *Primare Care.* 1994; 1(21):55-67.

[34] Moura MS et al. Efeitos de exercícios resistidos, de equilíbrio e alongamentos sobre a mobilidade funcional de

idosos com baixa massa óssea. *Revista Brasileira de Atividade Física e Saúde*. 2012; 17(6):474-84.

[35] Bohannon RW. Reference values for the five-repetition sit-to-stand test: a descriptive meta-analysis of data from elders Percept Mot Skills. *Journal of the American Physical Therapy Association.* 2006; 103(1):215-22.

Capítulo 3

Atividade Física: Repercussão na Qualidade de Vida de Pacientes com Miocardiopatia Chagásica

Carla Jeane Aguiar
Daiane de Lourdes da Costa
Milenne Furrier Silva Bueno Abreu
Mardege Regina Almeida Figueiredo
Juliana Ribeiro Fonseca Franco de Macedo

INTRODUÇÃO

A Doença de Chagas foi descoberta em 1909, na cidade mineira de Lassance, pelo doutor Carlos Chagas, médico e pesquisador do Instituto Oswaldo Cruz[1,2,3].

Após sua chegada em Lassance, Carlos Chagas identificou enfermos que apresentavam um quadro clínico caracterizado por arritmias e sinais de insuficiência cardíaca, além de casos frequentes e, até então, inexplicáveis de morte súbita. Meses depois, soube que naquela localidade havia vários insetos hematófagos, os "barbeiros". Carlos Chagas recolheu alguns insetos e examinando o intestino dos mesmos, encontrou uma nova espécie de protozoário flagelado ao qual denominou *Trypanosoma cruzi* (figura 1), em homenagem ao amigo Oswaldo Cruz[4].

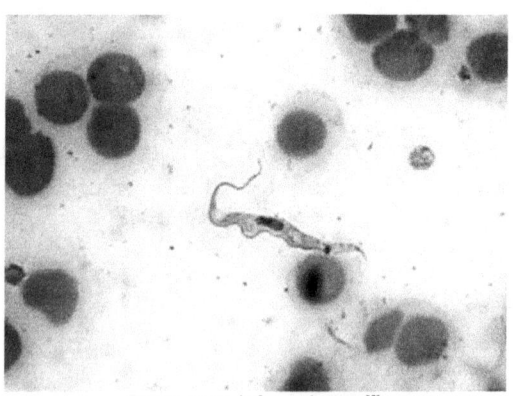

Fonte: www.infoescola.com[5]
Figura 1: *Trypanosoma cruzi*

A primeira pessoa infectada pelo *T. cruzi* que se tem notícia foi uma criança de nove meses que apresentava hipertermia, edema generalizado e discreto comprometimento do sistema nervoso. Ao realizar exames na criança, Carlos Chagas identificou o parasito em seu sangue[4].

A forma clássica de transmissão da doença é pelas fezes do barbeiro contaminado no qual o parasito penetra através da pele lesionada e em poucos dias o flagelo se propaga pelo organismo por via hematogênica ou linfática[6,7]. Os tripanosomas eliminados pelo barbeiro durante a evacuação penetram no local da picada após o hospedeiro coçar a região, deflagrando assim um processo inflamatório[4,8,9].

A via transfusional é considerada a segunda forma mais importante de transmissão em áreas endêmicas, onde a triagem sorológica de doadores não é sistemática e é grande o número de doadores chagásicos. A transmissão congênita é a terceira via mais prevalente e ocorre, sobretudo, após o terceiro mês de gestação, já a transmissão via contaminação em laboratórios, transplantes, centros cirúrgicos etc., são pouco frequentes e com baixa importância epidemiológica[10].

A doença de Chagas apresenta duas fases clínicas: aguda e crônica. A infecção aguda é frequentemente um quadro autolimitado, com duração de 4 a 8 semanas, com mortalidade inferior a 5%, sendo os casos fatais associados à miocardite e a meningoencefalite[11]. Caracteriza-se por parasitemia elevada, intenso parasitismo tecidual e toxemia[10]. O término da fase aguda é caracterizado pela não detecção de parasitos circulantes ao exame parasitológico direto, há regressão progressiva do processo inflamatório, redução da parasitemia e aumento dos anticorpos[6]. A fase crônica da doença aparece após um longo período de latência e se caracteriza por baixa parasitemia e elevados níveis de anticorpos[10] podendo ser assintomática, caracterizando a forma crônica indeterminada ou apresentar acometimento de diferentes órgãos e sistemas dando origem às formas determinadas: cardíaca, digestiva ou a combinação de ambas, a cardiodigestiva[4]. Em cerca de 1/3 dos indivíduos cronicamente infectados ocorrem complicações cardíacas ou digestivas após 10 a 30 anos do quadro agudo[3,11].

A forma crônica indeterminada da doença de Chagas se inicia após cerca de quatro a dez semanas da infecção aguda pelo *T. cruzi*[12] sendo caracterizada pela ausência de sinais e sintomas, eletrocardiograma convencional dentro da normalidade, exame radiológico de coração, esôfago e cólon normais e evidências sorológicas e/ou parasitológicas de infecção pelo *T. cruzi*[4,10,13,14].

A forma cardíaca da doença apresenta um caráter fibrosante que é considerado o mais expressivo dentre as miocardites, arritmias cardíacas de alta frequência e complexidade, distúrbios de condução do estímulo atrioventricular e intraventricular, grande incidência de fenômenos tromboembólicos, assim como de aneurismas ventriculares[15,16,17,18]. O acometimento cardíaco na fase crônica da doença inclui amplo espectro de manifestações, que vão desde a presença de anormalidades silenciosas, registradas em exames complementares sofisticados, até formas graves, como a insuficiência cardíaca refratária, tromboembolismo cerebral ou a morte súbita[3,11,16].

A figura 2 apresenta duas imagens de radiografia de tórax. Na imagem à esquerda, o coração se encontra em suas dimensões fisiológicas, já na imagem à direita, é possível notar um expressivo aumento da área cardíaca.

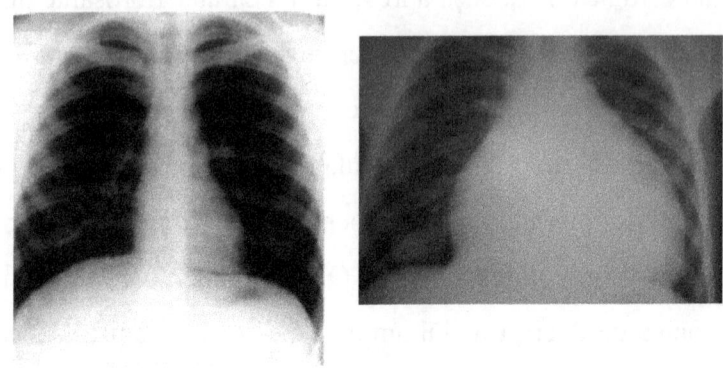

Fonte: www.galeon.com[19] (imagem à esquerda)
Fonte: www.medicinageriatrica.com.br[20] (imagem à direita)

Figura 2: Radiografia de tórax mostrando área cardíaca dentro da normalidade (à esquerda) e com cardiomegalia chagásica (à direita).

A forma digestiva da doença de Chagas é caracterizada por alteração da secreção, motilidade e absorção. Em casos graves pode-se encontrar o megaesôfago e o megacólon que são dilatações permanentes e difusas de órgãos ocos[10] (figura 3 e 4). Estas dilatações ocorrem juntamente com uma hipertrofia muscular devido à denervação parassimpática intramural e inflamação crônica[21].

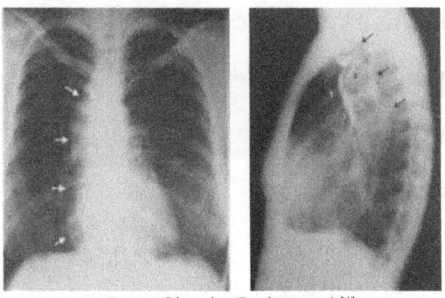
Fonte: Siqueira-Batista et al.[4]
Figura 3: Radiografia de tórax mostrando megaesôfago.

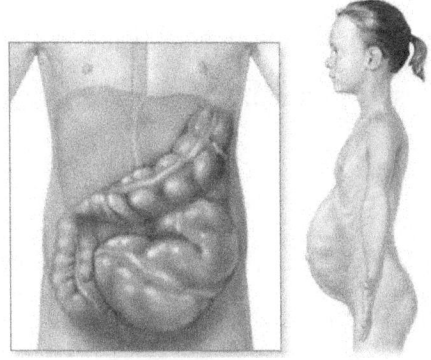
Fonte: www.eagostini.com.br[22]
Figura 4: Megacólon chagásico.

O exercício físico tem sido estimulado tanto em pessoas saudáveis quanto em pessoas com insuficiência cardíaca, mostrando-se benéfico em diversas circunstâncias profiláticas e terapêuticas[23,24].

Diversos estudos têm mostrado os benefícios da prática regular de exercícios em cardiopatas[9,25,26,27] podendo destacar melhora da capacidade física, função endotelial, aumento do limiar anaeróbio, redução da frequência cardíaca em repouso, melhora da capacidade autonômica, da qualidade de vida, de características comportamentais como depressão, ansiedade, somatização e hostilidade e ainda modificação de fatores de risco cardiovascular. Porém, poucos estudos relatam os benefícios da prática de atividade física em pacientes com doença de Chagas, sobretudo, no que se refere à qualidade de vida[28,29,30].

Qualidade de vida é definida pela OMS[31] como a "percepção do indivíduo de sua posição na vida, no contexto da cultura e sistemas de valores nos quais vive e em relação aos seus objetivos, expectativas, padrões e preocupações", incluindo aspectos relacionados à saúde física e psicológica, níveis de independência, relacionamento social, ambiental e espiritual sendo, portanto, um aspecto subjetivo.

Embora tenha sido observada uma importante diminuição na incidência da doença de Chagas na última década, em muitos países da América Latina a doença de Chagas é ainda um significativo problema de saúde pública[11]. A seguir serão apresentados dados de um estudo piloto realizado no Centro Universitário Estácio de Belo Horizonte com o objetivo de verificar a influência da atividade física na qualidade de vida dessa população.

DESENVOLVIMENTO

Para a realização do estudo piloto, foram recrutados cinco voluntários de ambos os gêneros cujos critérios de inclusão foram: ter diagnóstico clínico de doença de Chagas e estar estáveis hemodinamicamente. Foram excluídos do estudo os pacientes que apresentaram diagnóstico clínico de doença de Chagas de origem não cardíaca, pacientes portadores de marcapasso e pacientes que já estavam realizando fisioterapia.

Os pacientes responderam o questionário *Minnesota Living with Heart Failure Questionnaire* (MLHFQ) e o *Medical Outcomes Study 36 – Item Short-Form Health Survey* (SF-36) antes e após o cumprimento do protocolo de pesquisa.

O questionário MLHFQ foi desenvolvido para pacientes cardiopatas e validado em português por Carvalho et al.[32]. Ele é composto por 21 questões relativas ao impacto da insuficiência cardíaca e o quanto ela impede os pacientes de viverem como gostariam. A escala de respostas para cada questão varia de 0 a 5, onde 0 representa sem limitações e 5, limitação máxima. Essas questões envolvem uma dimensão física que está altamente relacionada com dispneia e fadiga, uma dimensão emocional e outras questões gerais que, somadas às dimensões anteriores, formam o escore total[32].

O SF-36 é um instrumento genérico de avaliação da qualidade de vida formado por trinta e seis questões englobando oito domínios: capacidade funcional, aspectos físicos, dor, estado geral de saúde, vitalidade, aspectos sociais, aspectos emocionais e saúde mental. Apresenta um escore final de 0 a 100, no qual zero corresponde a pior estado geral e 100, a melhor estado geral[33].

Os voluntários deste estudo piloto seguiram um protocolo com duração de doze semanas de treinamento, sendo três sessões semanais que consistiam de exercícios de flexibilidade, exercícios aeróbicos e de fortalecimento. Os exercícios de flexibilidade consistiam de alongamentos de membros inferiores e superiores sendo 3 séries de 20 segundos para cada grupo muscular. Após os alongamentos, eram iniciados o treinamento aeróbico em esteira ou bicicleta ergométrica com duração de 30 minutos, sendo a velocidade aumentada de acordo com a frequência cardíaca de treinamento estimada em 60% da frequência cardíaca máxima e também pela tolerância do paciente através da escala de Borg[34]. Os exercícios de fortalecimento muscular foram realizados com carga inicial de 50% do valor obtido no teste incremental de membros superiores sendo 3 séries de 10 repetições.

Para estimar a carga inicial para fortalecimento de membros superiores, foi utilizado o teste incremental de membros superiores que consiste na elevação de pesos progressivamente maiores, realizando movimento na diagonal com o membro dominante durante dois minutos seguido de um intervalo também de dois minutos. A carga inicial utilizada foi de 0,5kg, sendo progressivamente aumentada (0,5kg) até o limite do paciente[35].

O estudo comparou os domínios do SF-36 após quatro, oito e doze semanas de tratamento e observou diferença significativa apenas para o domínio dor do questionário SF-36, mostrando que a dor reduziu após a reabilitação. Esses achados estão demonstrados na tabela abaixo.

DOMÍNIOS	QUATRO SEMANAS	OITO SEMANAS	DOZE SEMANAS
Capacidade Funcional	62 ± 18,90	67 ± 22,80	67,5 ± 20,20
Lim. Aspectos Físicos	60 ± 28,50	85 ± 13,69	75 ± 20,41
Dor	51,20 ± 22,64*	53,20 ± 15,48	70,75 ± 21,15*
Estado Geral Saúde	54 ± 35,59	66,20 ± 22,27	70,25 ± 22,33
Vitalidade	60 ± 19,03	58 ± 14,83	67,50 ± 22,54
Aspectos Sociais	70 ± 40,11	80 ± 20,91	87,50 ± 14,43
Lim. Asp. Emocion.	1373,19 ± 2959	79,99 ± 18,26	83,33 ± 19,24
Saúde Mental	65,60 ± 10,43	64 ± 13,85	71,00 ± 14,00

Valores expressos como média ± desvio padrão; * = Significativo a 5% de probabilidade; Asp. = Aspectos; Emocion. = Emocionais; Lim. = Limitações

Ao comparar os resultados do Minnesota após quatro, oito e doze semanas de tratamento foi possível verificar que não houve diferença significativa.

QUESTIONÁRIO	QUATRO SEMANAS	OITO SEMANAS	DOZE SEMANAS
Minessota	27,40 ± 21,11	11,80 ± 16,70	2010,2 ± 4465,9

Valores expressos como média ± desvio padrão.
* = Significativo a 5% de probabilidade.

O estudo também realizou uma correlação entre o questionário de *Minnesota* e o SF-36 e encontrou correlações positivas tanto ao comparar o domínio dor quanto vitalidade com o *Minnesota*. Houve uma forte correlação entre o domínio Vitalidade do SF-36 e o questionário de *Minnesota*, como pode ser visto na tabela abaixo.

	VITALIDADE	DOR
MINESSOTA	0,995**	0,952*

* Significativo a 5% de Probabilidade.
** Significativo a 1% de Probabilidade.

CONSIDERAÇÕES FINAIS

Para avaliação da qualidade de vida, a literatura apresenta questionários genéricos e específicos, dos quais o *36-item Short-Form Health Survey* e o *Minnesota Living with Heart Failure Questionnarie* são os mais utilizados. Entretanto, dentre os questionários genérico e específico supracitados, não está bem estabelecido aquele que melhor manifesta a capacidade funcional de pacientes cardiopatas[36].

Os resultados do citado estudo piloto, demonstram alterações significativas para o domínio dor do questionário SF-36 após doze semanas de tratamento. Makiyama *et al.*[37] demonstraram em seu estudo que apenas o domínio dor manteve poucas diferenças entre os grupos pesquisados por eles, no entanto, no estudo, não houve significância estatística. Alguns estudos[38], no entanto, observaram melhora significativa ao analisarem o domínio dor no momento após reabilitação do grupo tratamento.

No estudo piloto mencionado neste capítulo, não houve diferença significativa ao analisar a qualidade de vida dos indivíduos pelo questionário *Minnesota*. Alguns estudos[39,40] também não demonstraram alteração na qualidade de vida. No entanto, o estudo de Vilas-Boas *et al.*[41] revelou melhora significativa do escore global de qualidade de vida. O significado de qualidade de vida é complexo e está sujeito a ressignificações ao longo da vida[42]. O número limitado de indivíduos participantes deste estudo piloto pode ter influenciado no resultado.

REFERÊNCIAS

[1] Kropf SP. Ciência, saúde e desenvolvimento: a doença de Chagas no Brasil. *Tempo.* 2005; 19:107-24.

[2] Strosberg AM et al. Chagas Disease: a latin American nemesis. *Institute for OneWord Health.* 2007; 1-105.

[3] Pinto AYN et al. Fase aguda da doença de Chagas na Amazônia brasileira. Estudo de 233 casos do Pará, Amapá e Maranhão observados entre 1988 e 2005. *Revista da Sociedade Brasileira de Medicina Tropical.* 2008; 41(6):602-614.

[4] Siqueira-Batista R et al. *Moléstia de Chagas.* 2.ed. Rio de Janeiro:Editora Rubio. 2007; 248p.

[5] _____. Disponível em: <http://www.infoescola.com/wp-content/uploads/2009/09/ Trypanosoma-cruzi.jpg>. Acesso em> 12 de março de 2016.

[6] Passos ADC et al. *Doença de Chagas Aguda*: manual prático de subsídio à notificação obrigatória no SINAN. Ministério da Saúde, 2004.

[7] Nascimento BR et al. Efeitos do treinamento físico sobre a variabilidade da frequência cardíaca na cardiopatia chagásica. *Arquivo Brasileiro de Cardiologia.* 2014. Disponível em:<http://www.scielo.br/pdf/abc/2014nahead/pt_0066-782X-abc-20140108.pdf>. Acesso em: 10 de março de 2016.

[8] Ministério da Saúde. Superintendência de Campanhas de Saúde Pública. *Doença de Chagas*: Textos de apoio. Brasília: Ministério da Saúde. Sucam,1989. 52p.

[9] Costa LM et al. Efeitos do exercício físico regular sobre o perfil bioquímico e a capacidade aeróbia máxima na doença de Chagas: estudo de caso. *Rev. Científica de Franca.* 2007; 7:109-15.

[10] Lopes ER et al. *Patologia das Principais Doenças Tropicais no Brasil* In: Filho GB. Patologia. Ed. Guanabara Koogan, 6. ed., 2000. 1328p.

[11] Bocchi EA et al. Sociedade Brasileira de Cardiologia. III Diretriz Brasileira de Insuficiência Cardíaca Crônica. *Arq Bras Cardiol.* 2009; 93(1):1-71.

[12] Ribeiro ALP, Rocha MOC. Forma Indeterminada da Doença de Chagas: considerações acerca do diagnóstico e do prognóstico. *Revista da Sociedade Brasileira de Medicina Tropical.* 1998; 31(3):301-14.

[13] Macêdo VO. *Forma Indeterminada da Doença de Chagas.* In: Dias JCP, Coura JR. Clínica e Terapêutica da doença de Chagas: uma abordagem prática para o clínico geral. Editora FIOCRUZ. 1997. 486p.

[14] Macêdo VO. Indeterminate Form os Chagas Disease. *Mem Inst Oswaldo Cruz.* 1999; 94(supl. I):311-6.

[15] Rassi Jr A, Rassi A, Little WC. Chaga's Heart Disease. *Clin Cardiol.* 2000; 23:883-9.

[16] Consenso Brasileiro em Doença de Chagas. *Revista da Sociedade Brasileira de Medicina Tropical.* 2005; 38(supl. III):1-29.

[17] Mady C et al. Capacidade Funcional Máxima, Fração de Ejeção e Classe Funcional na Cardiomiopatia Chagásica. Existe Relação entre estes Índices? *Arq. Bras. Cardiol.* 2005; 84(2):52-155.

[18] Maia HCA. Taquicardia Ventricular na Doença de Chagas. *Cardiovascular Sciences Forum.* 2008; 3(1):37-51.

[19] _____. Disponível em: <http://www.galeon.com/ medicinadeportiva2/images2/ serraf3.jpg>. Acesso em: 12 de março de 2016.

[20] _____. Disponível em: <http://www.medicinageriatrica. com.br/wp-content/uploads/ 2008/02/icc.JPG>. Acesso em: 12 de março de 2016.

[21] Rezende JM, Moreira H. *Forma digestiva da doença de Chagas*. In: Brener Z. Trypanosoma cruzi e doença de Chagas. 2. ed. Guanabara Koogan, 2000.

[22] _____. Disponível em: <http://www.eagostini.com.br /Chagas_arquivos /Megacolon2. jpg>. Acesso em: 12 de março de 2016.

[23] Guimarães GV, Bacal F, Bocchi EA. Reabilitação e condicionamento físico após transplante cardíaco. *Revista Brasileira de Medicina do Esporte.* 1999; 5(4):144-6.

[24] Gardenghi G, Dias FD. Reabilitação cardiovascular em pacientes cardiopatas. *Integração*. 2007; 51:387-92.

[25] Piotrowicz R, Wolszakiewicz J. Cardiac rehabilitation following myocardial infarction. *Cardiology Journal.* 2008; 15(5):481–7.

[26] Bocchi EA et al. Sociedade Brasileira de Cardiologia. Atualização da Diretriz Brasileira de Insuficiência Cardíaca Crônica. *Arq Bras Cardiol.* 2012; 98(supl.1):1-33.

[27] Alvares RBP et al. Prescrição de exercícios físicos para cardiopatas. *Revista Unilus Ensino e Pesquisa.* 2014; 11(25):39-45.

[28] Lima MMO et al. A randomized trial of the effects of exercise training in Chagas' cardiomyopathy. *Eur J Heart Fail.* 2010; 12:866-73.

[29] Mendes FA et al. Exercício físico aeróbico em mulheres com doença de Chagas. *Fisioter. Mov.* 2011; 24(4):591-601.

[30] Fialho PH et al. Effects of an exercise program on the functional capacity of patients with chronic Chagas' heart disease, evaluated by cardiopulmonary testing. *Revista da Sociedade Brasileira de Medicina Tropical.* 2012; 45(2):220-4.

[31] The WHOQOL group. The World Health Organization quality of life assessment (WHOQOL): position paper from the World Health Organization. *Soc. Sci. Med.* 1995; 41:1403-10.

[32] Carvalho VO et al. Validação da Versão em Português do Minnesota Living with Heart Failure Questionnaire. *Arq Bras Cardiol.* 2009; 93(1):39-44.

[33] Ciconelli RM et al. Tradução para língua portuguesa e validação do questionário genérico de avaliação de qualidade de vida SF-36. *Revista Brasileira de Reumatologia.* 1999; 39(3):143-50.

[34] BORG, G. Perceived exertion as an indicator of somatic stress. *Scand J Rehabil. Med.* 1970; 2:92-8.

[35] Rodrigues SL, Viegas CAA, Lima T. Efetividade da reabilitação pulmonar como tratamento coadjuvante da doença pulmonar obstrutiva crônica. *J Pneumol.* 2002; 28(2):65-70.

[36] Nogueira IDB et al. Correlação entre Qualidade de Vida e Capacidade Funcional na Insuficiência Cardíaca. *Sociedade Brasileira de Cardiologia*, 2010. Disponível em: <http://www.scielo.br/pdf/abc/2010nahead/aop09210.pdf>. Acesso em: 15 de abril de 2015.

[37] Makiyama TY et al. Estudo sobre a qualidade de vida de pacientes hemiplégicos por acidente vascular cerebral e de seus cuidadores. *Acta fisiatr.* 2004; 106-109.

[38] Jorge LL, Tomikawa LCO, Jucá SSH. Efeito de um programa de reabilitação multidisciplinar para homens portadores de fibromialgia: estudo aleatorizado controlado. *Acta Fisiatrica.* 2007; 14(4):196–203.

[39] Rosatti SFC. O uso da estimulação cardíaca dotada de sensor CLS nas arritmias cardíacas e na prática clínica. *Relampa*. 2009; 22(2):91-7.

[40] Marques F et al. Substituição do carvedilol pelo propranolol em pacientes com insuficiência cardíaca. *Arq. Bras. Cardiol.* 2010; 95(1):1-7.

[41] Vilas-Boas F et al. Resultados iniciais do transplante de células de medula óssea para o miocárdio de pacientes com insuficiência cardíaca de etiologia chagásica. *Arquivos Brasileiros de Cardiologia*. 2006; 87(2):1-8.

[42] Vila VSC, Rossi LA. Quality of Life from the Prospective of Revascularized Patients During Rehabilitation: na ethnographic study. *Revista Latino-am Enfermagem.* 16(1):7-14.

Capítulo 4

Marcha na Paralisia Cerebral: Estudo da Correlação entre o Teste de Caminhada e a Eletromiografia

Ana Cássia Siqueira da Cunha
Mariana Ribeiro Volpini Lana
Márcia Luciane Drumond das Chagas e Vallone

INTRODUÇÃO

Paralisia cerebral (PC) é uma desordem neurológica não progressiva, que afeta aproximadamente 2 a 3 casos por 1000 nascimentos. Numerosos estudos têm mostrado a presença de alterações nos padrões da marcha das crianças com PC[1,2,3].

As crianças com PC apresentam encurtamentos musculares, perda do controle motor seletivo, déficit no equilíbrio, alterações sensoriais, deformidades ósseas e consequentemente alteração na marcha[4,5].

Existem inúmeros métodos para se avaliar a função motora e os resultados de uma intervenção clínica, dentre eles, a eletromiografia (EMG) e a análise de marcha[6,7]. A EMG de superfície é um método confiável e não invasivo que mede a atividade muscular e, por isso, tem sido utilizado para estudar a marcha de crianças com PC. O sinal representado pela EMG mostra o nível de excitação dos músculos das extremidades inferiores durante a atividade da marcha. Parâmetros espaciais e temporais como o comprimento do passo, cadência e tempo do período de apoio e balanço são registrados juntos com a EMG para descrever, classificar ou identificar a marcha normal e patológica[6,8,9].

Atualmente a análise de marcha é usada como parte da rotina de atendimento dos pacientes pediátricos com PC[6,10]. O teste de caminhada de 10 metros (10MWT) tem sido frequentemente utilizado para avaliar parâmetros da marcha desses indivíduos e a velocidade média é comumente utilizada para quantificar o seu desempenho[7,11,12]. Normalmente, o tempo necessário para andar 10 m na velocidade de preferência, sobre uma superfície plana é registado. Esse teste tem demonstrado validade e confiabilidade além de ser de fácil aplicação e de baixo custo[13,14].

O estudo da ativação muscular na marcha através da EMG associado à análise da velocidade da mesma, pode fornecer informações importantes na tomada de decisões acerca do tratamento fisioterapêutico. No entanto, a EMG ainda é um teste pouco disponível para a maioria dos pacientes e não está presente na maioria dos centros de reabilitação nos países em desenvolvimento.

Assim, torna-se importante saber um pouco mais sobre a correlação da velocidade média da marcha e o desempenho da ativação muscular nas crianças com PC, para que dados da EMG, muitas vezes não disponíveis, possam ser inferidos por meio do 10MWT, que é teste confiável, acessível e amplamente difundido.

MATERIAL E MÉTODOS

Participaram voluntariamente do estudo 19 crianças, de uma amostra por conveniência, com diagnóstico de PC e quadro topográfico de hemiplegia espástica, com idade média de 7,3 ±

1,4 anos, apresentando classificação no GMFCS nível I. A tabela 1 apresenta as características demográficas de todas as crianças participantes da pesquisa.

Tabela 1: Características demográficas das crianças da pesquisa

Sujeitos	Sexo	Idade	Lado Hemiplegia	Peso (kg)	Altura (cm)	Comprimento da		Velocidade (m/s)
						Direita	Esquerda	
1	F	7	Esquerdo	21	1,22	59	56	1,11
2	F	7	Esquerdo	22	1,21	59	57	0,98
3	F	6	Esquerdo	19	1,14	53	52	1,19
4	F	6	Direito	21	1,18	55,5	56	1,09
5	M	10	Direito	24	1,42	68	69	1,14
6	F	6	Direito	23	1,23	59,5	59,5	1,03
7	F	9	Esquerdo	15	1,25	61	60	1,20
8	F	7	Direito	19	1,19	56	59,5	1,05
9	M	6	Direito	17	1,11	50	50	1,16
10	F	10	Esquerdo	29	1,32	64	64	0,99
11	F	7	Direito	25	1,23	58	58	0,98
12	M	7	Direito	22	1,20	56	57,5	1,01
13	M	7	Esquerdo	19	1,21	58	56,5	1,06
14	F	7	Esquerdo	24	1,23	61	60,5	1,26
15	F	7	Esquerdo	20	1,20	57	56	0,89
16	F	6	Direito	23	1,23	57	57	1,00
17	F	10	Direito	21	1,31	64	65	1,26
18	F	7	Direito	15	1,15	56	57	0,94
19	M	7	Direito	27	1,26	59	59	1,26

Cm: centímetros; F: feminino; Kg: quilogramas; M: masculino; m/s: metros por segundo

O objetivo desse estudo foi avaliar a correlação entre a velocidade no teste de caminhada de 10 metros e a ativação muscular dos músculos reto femoral (RF), bíceps femoral (BF), tibial anterior (TA) e gastrocnêmio lateral (GL) durante a marcha de crianças hemiplégicas; e verificar o padrão de ativação muscular entre a perna comprometida e a perna não comprometida das crianças hemiplégicas durante a EMG.

A coleta de dados foi realizada após a aprovação do Comitê de Ética em Pesquisa da Universidade do Vale do Paraíba, Protocolo no H147/CEP/2006.

Foram excluídas do estudo as crianças que submeteram a qualquer intervenção cirúrgica nos membros inferiores e à aplicação de Toxina Botulínica por um prazo mínimo de 1 ano.

Para a aquisição do sinal eletromiográfico foi utilizado um eletromiógrafo EMG 800 C da EMG System do Brasil®, composto de 8 canais. Quatro destes canais foram usados conectados a eletrodos ativos bipolares e outro canal conectado a um footswitch.

Para a avaliação das fases de apoio e balanço da marcha foi utilizado o footswitch da EMG System do Brasil®, constituído por dois sensores, um localizado no calcâneo e o outro no primeiro metatarso.

A velocidade da marcha foi cronometrada através do cronômetro da marca Timex e a pesquisa foi filmada através da filmadora da marca Panasonic, modelo RZ 315.

Os dados foram inicialmente processados pelo programa Matlab 6.1 e para a análise estatística foram utilizados os programas SPSS 15.0 e Microsoft Excel®.

PROCEDIMENTOS

O teste de caminhada de 10 metros não foi realizado simultaneamente com a EMG, pois a intenção era que o resultado do teste fosse o mais próximo da caminhada normal, eliminando, assim, qualquer interferência do footswitch. Além disso, o fio do eletromiógrafo era curto, e por isso foi necessário colocá-lo em um carrinho móvel para acompanhar a marcha da criança. A velocidade do carrinho poderia influenciar o resultado do teste.

A colocação dos eletrodos, após a aplicação do teste citado acima, foi realizada de acordo com o recomendado pela *Surface Electromyography for the Non-Invasive Assessment of Muscles* (SENIAM) nos músculos da perna comprometida e não comprometida (RF, BF, TA e GL). O footswitch foi fixado no pé da criança na região do calcâneo e ante pé, sincronizado com os sinais eletromiográficos e gerava um nível diferente de voltagem quando em contato com o solo, permitindo identificar as fases de apoio e balanço da marcha.

Para a coleta dos dados eletromiográficos, as crianças foram instruídas a caminhar pela pista de 10 metros a uma velocidade próxima da normal, após a colocação dos eletrodos ativos em uma determinada perna.

Não foi possível realizar a EMG nas duas pernas simultaneamente, devido à restrição do número de canais do eletromiógrafo e ao número de músculos estudados. Sendo assim, a escolha da primeira perna a ser avaliada foi aleatória.

ANÁLISE DOS DADOS

O condicionador de sinais eletromiográficos foi configurado com filtro passa banda de 20 a 500 Hz e com frequência de amostragem de 1000 Hz. Os sinais eletromiográficos brutos foram processados seguindo as etapas de retificação através do RMS. A normalização foi realizada pelo valor médio do RMS do sinal de eletromiográfico durante a fase da marcha selecionada para o estudo. Os dados eletromiográficos de cinco passadas consecutivas foram divididos em sete intervalos de acordo com as fases da marcha descritas por Perry[1]: contato inicial e aceitação de peso (0-10%-RC); apoio médio (10-30%-AM); apoio terminal (30-50%- AT); pré-balanço (50-60%-PB); balanço inicial (60-73%-BI); balanço médio (73-87%-BM); balanço final (87-100%-BF). Para cada um destes intervalos foi calculado o valor RMS de cada músculo de cada criança e em seguida normalizado. Este procedimento foi repetido três vezes, e o valor considerado para a análise foi a média dos valores RMS normalizados de cada fase nas três repetições[5,38,45].

O tempo de coleta da EMG para todas as crianças foi de 12 segundos e apenas as 5 passadas centrais da coleta foram analisadas, desprezando assim a aceleração e desaceleração.

Análise Estatística

Foi utilizado uma análise de correlação e regressão, pois existe somente uma variável que se deseja verificar: o grau de associação com a ativação muscular das crianças. Assim o objetivo era identificar se a velocidade estava significativamente associada à ativação muscular de modo que tal medida possa ser usada como uma medida alternativa desta variável.

Outro questionamento imposto no estudo foi o de identificar a existência de diferenças entre as medidas de ativação muscular para a perna comprometida e perna não comprometida das crianças com a aplicação do Teste *t* para amostras emparelhadas.

RESULTADOS

Análise Exploratória dos Dados

Os valores RMS normalizados de cada fase e cada músculo foram agrupados para as 19 crianças, tanto para a perna comprometida como para perna não comprometidas, gerando sete variáveis denominadas de RMSRC para a fase de aceitação de peso, RMSAM para a fase de apoio médio, RMSAT para a fase de apoio terminal, RMSPB para a fase de pré-balanço, RMSBI a fase de balanço inicial, RMSBM para a fase do balanço médio e RMSBT para o balanço final.

Os grupos de variáveis apresentam tendência à simetria, pelos histogramas avaliados, e seguem uma distribuição normal, verificado através do teste Kolmogorov Smirnov.

Para calcular a média utilizou a média aritmética simples das variáveis, somando os valores observados para cada variável de todos os pacientes e dividindo este número pelo total de pacientes participantes do estudo. Assim, a média representou a tendência central de cada variável (ver tabela 2)

Tabela 2- Estatísticas descritivas das medidas

	MEDIDA	MÉDIA	DESV. PAD
Perna não comprometida –RF	RMSRC	1,26	0,39
	RMSAM	0,52	0,19
	RMSAT	0,53	0,25
	RMSPB	1,13	0,35
	RMSBI	1,60	0,33
	RMSBM	0,96	0,37
	RMSBT	0,57	0,17
Perna não comprometida -BF	RMSRC	1,06	0,29
	RMSAM	1,25	0,27
	RMSAT	0,75	0,15
	RMSPB	0,31	0,19
	RMSBI	0,20	0,08
	RMSBM	0,51	0,25
	RMSBT	1,60	0,34

RMS: valor da normalização dos dados eletromiográficos nas respectivas fases da marcha: resposta a carga (RC), apoio médio (AM); apoio terminal (AT); pré-balanço (PB); balanço inicial (BI); balanço médio (BM); balanço terminal (BT).

Tabela 2- Estatísticas descritivas das medidas

	MEDIDA	MÉDIA	DESV. PAD
Perna não comprometida -TA	RMSRC	1,37	0,27
	RMSAM	0,88	0,24
	RMSAT	0,66	0,24
	RMSPB	1,10	0,34
	RMSBI	1,14	0,25
	RMSBM	0,63	0,20
	RMSBT	1,06	0,28
Perna não comprometida –GL	RMSRC	1,00	0,39
	RMSAM	1,05	0,23

	RMSAT	1,47	0,37
	RMSPB	0,75	0,23
	RMSBI	0,51	0,22
	RMSBM	0,35	0,15
	RMSBT	0,65	0,25
	RMSRC	1,35	0,47
	RMSAM	0,45	0,19
Perna comprometida-RF	RMSAT	0,41	0,09
	RMSPB	1,01	0,40
	RMSBI	1,36	0,33
	RMSBM	1,15	0,33
	RMSBT	0,81	0,27
	RMSRC	1,31	0,23
	RMSAM	1,22	0,21
Perna comprometida-BF	RMSAT	0,68	0,17
	RMSPB	0,49	0,20
	RMSBI	0,44	0,31
	RMSBM	0,60	0,20
	RMSBT	1,47	0,21
	RMSRC	1,13	0,32
	RMSAM	0,83	0,20
Perna comprometida –TA	RMSAT	0,82	0,19
	RMSPB	1,04	0,36
	RMSBI	1,37	0,30
	RMSBM	0,87	0,15
	RMSBT	0,73	0,17
	RMSRC	1,47	0,40
	RMSAM	1,07	0,19
Perna comprometida-GL	RMSAT	1,24	0,19
	RMSPB	0,61	0,16
	RMSBI	0,48	0,17

RMSBM	0,59	0,23
RMSBT	0,97	0,31
Velocidade	1,08	0,11

Desv. Pad: desvio padrão da variável. RMS: valor da normalização dos dados eletromiográficos nas respectivas fases da marcha: resposta a carga (RC), apoio médio (AM); apoio terminal (AT); pré-balanço (PB); balanço inicial (BI); balanço médio (BM); balanço terminal (BT).

Correlação entre as variáveis de velocidade e ativação muscular

Na tabela 3 observa-se que somente as correlações entre as medidas da perna não comprometida-BF-normalizado (RMSBI) e perna não comprometida-RF-normalizado (RMSAT) podem ser consideradas moderadas e significativas. Ademais a medida perna não comprometida-RF-normalizado (RMSBI) teve uma correlação negativa e significativa com a velocidade.

De acordo com a tabela abaixo, R2 é a medida de correlação ao quadrado, que indica o percentual de variação da ativação que pode ser explicada pela velocidade. Sig é a significância desta relação. São consideradas significativas correlações com sig <0,10. Mahal é a maior distância de Mahalanobis (D2) encontrada (valores maiores que 9,21 indicam casos com valores discrepantes). Cook é a maior medida do impacto geral do caso sobre as estimativas de correlação encontrada (valores maiores que 0,24 indicam casos que podem influenciar de maneira expressiva o modelo de regressão).

Tabela 3- Estatísticas de correlação de medidas de avaliação de casos aberrantes

	MEDIDA	CORRELAÇÃO	R2	SIG.	MAHAL.	COOK'S
Perna não comprometida -RF	RMSRC	0,33	0,11	0,17	4,08	0,15
	RMSAM	0,21	0,04	0,40	3,46	0,19
	RMSAT	0,46	0,21	0,05	6,79	0,23
	RMSPB	0,34	0,12	0,16	4,28	0,15
	RMSBI	-0,51	0,26	0,03	4,74	0,16
	RMSBM	-0,36	0,13	0,14	5,06	0,11
	RMSBT	0,30	0,09	0,21	4,57	0,15
Perna não comprometida-BF	RMSRC	-0,12	0,01	0,63	3,86	0,48
	RMSAM	0,11	0,01	0,65	4,85	0,21
	RMSAT	0,19	0,04	0,44	4,09	0,20
	RMSPB	0,23	0,05	0,34	4,67	0,58
	RMSBI	0,40	0,16	0,09	5,46	0,19
	RMSBM	-0,12	0,01	0,62	14,13	0,89
	RMSBT	-0,02	0,00	0,95	3,09	0,21
Perna não comprometida-GL	RMSRC	0,28	0,08	0,25	3,82	0,24
	RMSAM	-0,10	0,01	0,70	5,11	0,26
	RMSAT	-0,06	0,00	0,80	6,81	0,17
	RMSPB	0,08	0,01	0,75	4,44	0,34
	RMSBI	0,21	0,04	0,39	5,28	0,40
	RMSBM	-0,06	0,00	0,80	11,46	1,66
	RMSBT	0,04	0,00	0,88	4,23	0,17

Perna Comprometida-RF	RMSRC	0,22	0,05	0,38	5,15	0,43
	RMSAM	0,15	0,02	0,53	6,15	0,28
	RMSAT	0,21	0,04	0,39	4,69	0,29
	RMSPB	0,12	0,01	0,61	8,36	0,35
	RMSBI	-0,25	0,06	0,29	4,63	0,25
	RMSBM	-0,21	0,04	0,38	3,64	0,15
	RMSBT	0,01	0,00	0,95	6,25	0,48
Perna Comprometida-BF	RMSRC	0,03	0,00	0,89	4,20	0,71
	RMSAM	-0,10	0,01	0,67	3,20	0,34
	RMSAT	0,00	0,00	0,99	4,12	0,26
	RMSPB	-0,16	0,03	0,51	5,11	0,12
	RMSBI	-0,15	0,02	0,54	14,63	0,66
	RMSBM	0,09	0,01	0,71	2,37	0,17
	RMSBT	0,28	0,08	0,25	7,23	0,18
Perna Comprometida-TA	RMSRC	-0,22	0,05	0,35	4,69	0,32
	RMSAM	-0,16	0,03	0,52	5,00	0,32
	RMSAT	-0,05	0,00	0,84	3,73	0,17
	RMSPB	-0,15	0,02	0,54	2,82	0,16
	RMSBI	0,22	0,05	0,37	5,76	0,48
	RMSBM	0,15	0,02	0,53	3,01	0,34
	RMSBT	-0,21	0,04	0,38	3,99	0,26
Perna não comprometida GL	RMSRC	0,05	0,00	0,83	6,39	0,42
	RMSAM	0,12	0,01	0,63	4,81	0,54
	RMSAT	0,35	0,12	0,14	4,88	0,22
	RMSPB	-0,11	0,01	0,66	6,62	0,21
	RMSBI	-0,28	0,08	0,24	7,80	0,33
	RMSBM	-0,15	0,02	0,53	8,02	0,16
	RMSBT	-0,18	0,03	0,46	5,38	0,15

Perna não comprometida-TA	RMSRC	0,24	0,06	0,32	7,17	0,22
	RMSAM	-0,15	0,02	0,54	2,61	0,23
	RMSAT	-0,04	0,00	0,88	8,47	0,39
	RMSPB	0,03	0,00	0,91	4,23	0,25
	RMSBI	-0,03	0,00	0,90	5,28	0,12
	RMSBM	-0,18	0,03	0,47	6,73	0,79
	RMSBT	0,11	0,01	0,66	3,48	0,25

RMS: valor da normalização dos dados da EMG nas respectivas fases da marcha: resposta a carga (RC), apoio médio (AM); apoio terminal (AT); pré-balanço (PB); balanço inicial (BI); balanço médio (BM); balanço terminal (BT).

Diferença nos escores da perna comprometida e não comprometida

No gráfico 1 são apresentadas as variações do RMS médio normalizado do músculo RF nas respectivas fases da marcha, sendo que o azul corresponde à perna não comprometida e o vermelho a perna comprometida. Houve uma ativação muscular do RF em ambos os lados em praticamente todas as fases da marcha, observada principalmente na fase de balanço. A análise estatística do RF mostrou diferença significativa ($p<0,10$) na atividade eletromiográfica entre os dois lados nas fases AT, BI, BM e BT.

Resultados semelhantes foram encontrados em relação a ativação muscular do BF, pois ele encontra-se em atividade durante todo o ciclo da marcha, principalmente na fase de apoio. Houve diferença significativa ($p < 0,10$) na atividade eletromiográfica entre os dois lados nas fases RC, PB, BI, BM e BF.

A análise estatística do TA mostrou diferença estatística ($p < 0,10$) na atividade eletromiográfica quando o lado não comprometido foi comparado com o lado comprometido nas respectivas fases da marcha: RC, AT, BI, BM e BT (gráfico 3). Dentre os 4 músculos estudados foi o que mostrou maior atividade eletromiográfica durante todo o ciclo da marcha.

O músculo GL teve ativação muscular em ambos os lados em todo o ciclo da marcha, principalmente na fase de apoio. Em relação à comparação da atividade eletromiográfica entre os dois lados houve diferença significativa ($p < 0,10$) nas fases RC, AT, PB, BM e BT.

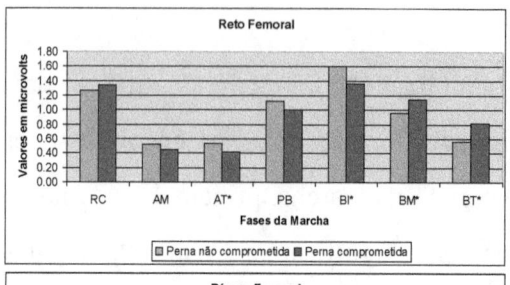

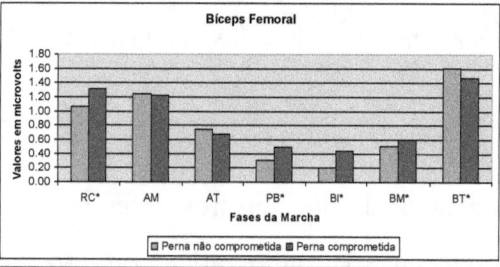

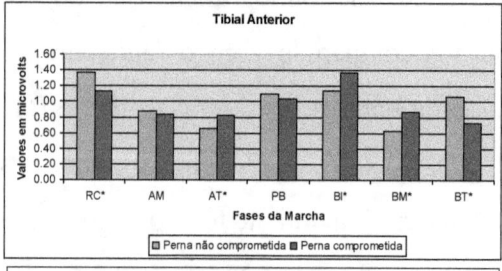

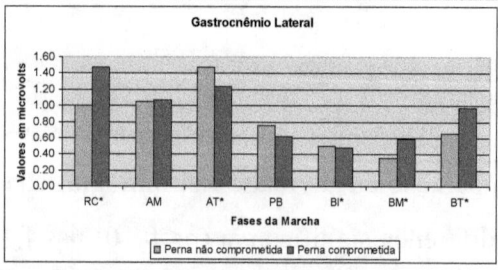

Gráfico do RMS médio normalizado dos músculos RF, BF, TA e GL durante as fases da marcha
O asterisco indica a diferença significativa entre os dois lados.

DISCUSSÃO

Diversas pesquisas têm demonstrado que a neuropatologia existente na PC afeta a coordenação e a co-ativação muscular durante a marcha. Os padrões anormais complexos presentes nesses indivíduos podem ser atribuídos a diferentes fatores como, por exemplo, o comprometimento do controle motor e a espasticidade[6].

A EMG de superfície é um teste fácil e não invasivo capaz de medir o controle motor seletivo ao nível de atividade muscular sendo, portanto, um teste mais objetivo e sensível, usado inclusive para se distinguir pacientes com diplegia espástica leve daqueles com pé equino idiopático[15]. No entanto, os testes clínicos como, por exemplo, o 10MWT, muitas vezes considerado de baixa sensibilidade e subjetivos, dependendo do parâmetro avaliado, continua sendo, na maioria das vezes, o teste de escolha, devido à sua disponibilidade. Embora muitas vezes criticados, seus dados têm demonstrado validade, confiabilidade e sensibilidade para muitas doenças, além de ser barato[13,14].

Diante deste contexto, o objetivo deste estudo foi inicialmente, descrever e determinar a correlação entre a velocidade média extraída por meio do 10MWT e a ativação muscular dos músculos reto femoral (RF), bíceps femoral (BF), tibial anterior (TA) e gastrocnêmio lateral (GL) durante a marcha de crianças hemiplégicas. Em um seguindo momento, estes resultados foram analisados verificando-se se dados do padrão de ativação muscular podem ser inferidos por meio do 10MWT.

Primeiramente, os resultados clínicos desse estudo demonstraram que somente as correlações entre as medidas perna não comprometida-BF (BI) e perna não comprometida-RF (AT) podem ser consideradas significativas, ou seja, à medida que aumenta a velocidade há um aumento na ativação muscular. Como a maioria das crianças do estudo apresenta flexão plantar em todo o ciclo da marcha, isto pode ter levado a uma perda da progressão e obstrução do avanço do membro[16]. A tentativa para ganhar maior velocidade foi aumentar a ativação muscular do reto femoral no apoio terminal e bíceps femoral no balanço inicial, conforme observado nos gráficos de ativação muscular destes músculos (gráfico 1 e 2).

Segundo Nene et al.[17] durante a velocidade rápida a ativação do RF pode continuar até o início do balanço se a inércia do tibial contribuir para uma excessiva flexão do joelho, ou seja, a quantidade de ativação muscular do RF pode ser proporcional à velocidade da marcha. De acordo com Gage[18] o RF participa de um dos padrões sinérgicos primitivos de marcha, alinhando-se aos flexores de quadril (ilíaco e sartório), aumentando a aceleração e mantendo-se ativo durante todo o balanço, podendo ocorrer co-contração com os ísquiotibiais (IT) durante o BM. Isso explica o fato das crianças do presente estudo terem utilizado a ativação do reto femoral no balanço terminal para ganhar velocidade. Podemos considerar que essas crianças foram rápidas ao realizar o teste de caminhada de 10 metros, já que a média das suas velocidades (1,08 m/s) foram acima da média das crianças hemiplégicas encontrada na literatura (0,79 – 0,97 m/s)[5,19].

No presente estudo, não houve diferença significativa entre a correlação do comprimento da perna não comprometida e comprometida com a velocidade, isso diz que não houve interferência dessa variável nos resultados.

Os resultados do presente estudo demonstraram que existem diferenças significativas (p<0,10) em grande parte das variáveis quanto à ativação muscular da perna não comprometida versus perna comprometida através da EMG. Essas diferenças na ativação muscular corroboram com os achados de alguns autores[2,20,21].

Segundo Gage[18] as crianças hemiplégicas contraem o RF em todo o ciclo da marcha, e mantém uma contração contínua durante a fase de balanço. Através do gráfico 1 podemos observar que essa contração ocorreu em ambos os lados durante todo o ciclo da marcha.

De acordo com Perry[16] há uma contração do RF no BI para desacelerar a hiperextensão do quadril e excessiva flexão de joelho, promovendo a flexão do quadril. Podemos observar no presente estudo que houve contração em ambos os lados, mas no lado comprometido houve menor contração, provavelmente porque nesse lado há menos hiperextensão do quadril e flexão de joelho (gráfico 1).

As crianças hemiplégicas apresentam flexão plantar em todo o ciclo da marcha e a compensação mais direta para a falta de dorsoflexão do tornozelo é o aumento da flexão de quadril para elevar o membro e, portanto, o pé[16]. Essas alterações também foram observadas nesse estudo, pois nas fases de BM e BT houve uma maior contração do RF no lado comprometido, visando uma maior ADM de flexão de quadril (gráfico 1). Adicionalmente à flexão de quadril na fase BT houve uma maior ativação do RF no lado comprometido para tentar estender o joelho, já que o GL apresentou uma forte contração (gráfico 4).

Na fase de RC há contração dos extensores de quadril para restringir o momento flexor[16]. Podemos observar no gráfico 2 que a contração do BF no lado comprometido foi maior, provavelmente pelo maior momento flexor desse lado. Além da contribuição do GL que por estar tenso, ocasiona uma maior flexão de joelho no lado comprometido.

No presente estudo, durante a fase de PB houve uma maior ativação do BF no lado comprometido. A maioria dessas crianças apresentava flexão plantar e por isso foi necessário compensar com um aumento da ADM de flexão de joelho na tentativa de realizar a progressão do membro. O aumento da espasticidade dos IT provavelmente pode ser um outro fator envolvido neste evento (gráfico 2).

De acordo com Perry[16] a atividade excessiva e prolongada do RF em pacientes hemiplégicos durante a fase de BI obstrui a flexão do joelho. De acordo com o gráfico 2, durante a fase de BI houve uma maior ativação no BF no lado comprometido, provavelmente para tentar aumentar a flexão de joelho limitada pelo RF.

A espasticidade do IT iniciada precocemente, frequentemente antes da fase de BM faz com que ele aja primariamente como extensor do quadril. O resultado é que ambos, o RF e IT, usualmente estão agindo durante essa fase, quando eles deveriam ficar em silêncio[16]. Esses resultados corroboram com os do presente estudo, em relação à ativação muscular, através da observação dos gráficos 1 e 2. Nota-se que na fase de BM houve uma maior contração do BF no lado comprometido e essa excessiva flexão do joelho geralmente representa o efeito secundário da flexão de quadril aumentada e da gravidade que traz a tíbia para uma postura vertical.

Segundo Gage[18] e Perry[16] os IT estão ativos na fase de balanço terminal. De acordo com o gráfico 2 durante a fase de BT houve uma maior ativação no BF no lado não comprometido, provavelmente para tentar desacelerar a extensão de joelho, já que no outro lado essa extensão está diminuída.

A maioria dos pacientes hemiplégicos do presente estudo realizou a RC com flexão plantar, por isso houve menos contração do TA no lado comprometido para desacelerar a descida do pé comprometido (gráfico 3).

Segundo Perry[16] a combinação da dorsoflexão e a elevação do calcanhar no AT colocam o centro de gravidade do corpo anterior à fonte de sustentação do pé. Como o centro de pressão desloca-se mais anteriormente ao eixo da cabeça do metatarso, o pé rola com o corpo, levando a uma maior elevação do calcanhar. O efeito é um aumento do torque dorsoflexor. Isso provavelmente pode ser a explicação da maior ativação do TA no lado comprometido, já que a maioria das crianças apresentava flexão plantar durante todo o ciclo da marcha. Foi necessário um maior torque de dorsoflexão na fase de AT no lado comprometido, já que essa articulação apresentava flexão plantar e também flexão de joelho (gráfico 3).

É necessária a ativação do TA na fase de BI para elevar o pé e auxiliar o avanço do membro[16]. Isso explica a maior ativação do TA na perna comprometida segundo o gráfico 3, pois já que esse lado apresenta flexão plantar, na maioria das crianças há uma maior ativação do TA para tentar elevar o pé. Segundo Perry[16] na fase de BM essa dorsoflexão continua, mas há uma diminuição da intensidade. Isso foi observado no presente estudo, mas a necessidade de maior ativação no lado comprometido continua nessa fase para tentar elevar o pé (gráfico 3).

Na fase de BT há ativação do TA para preparar o pé para o apoio[1]. Nota-se no gráfico 3 que houve uma menor ativação do TA no lado comprometido, pois o GL estava muito ativo nessa fase impedindo a ação do TA.

Entretanto, outro trabalho mostrou que as crianças hemiplégicas apresentavam um burst inicial de atividade eletromiográfica do TA no início CI e na RG; e um segundo burst com um pico de atividade após a saída dos dedos durante a fase de balanço. Nessas crianças o primeiro burst de atividade foi menor que o segundo, e quando o CI foi feito com o ante pé, um grande momento interno de flexão plantar interna foi gerado ao redor do tornozelo. O segundo burst de atividade mostrou função normal no PB e diminuição da atividade no BM em contraste com pessoas saudáveis e esse segundo burst deveria ser seguido por uma atividade eletromiográfica adicional para controlar a descida do pé durante a fase de balanço. Desta maneira nenhuma atividade do TA estava presente durante a fase final do BT[20].

Segundo Patikas et al.[2] os pacientes com espasticidade são incapazes de regular o seu reflexo de estiramento em várias situações. Quando o contato inicial é feito com a ponta dos dedos, o tríceps sural é subitamente estirado e ocorre o reflexo de estiramento. O aumento da atividade eletromiográfica do sóleo e gastrocnêmio lateral durante a resposta à carga, pode ser explicado devido à geração do reflexo de estiramento. Surpreendentemente o aumento da atividade dos flexores plantares aparece no lado não comprometido, revelando um mecanismo dos flexores plantares desse lado em absorver o peso do corpo durante a fase inicial do apoio. Isso explica a maior ativação do GL durante a fase de RC na perna comprometida segundo o gráfico 4.

No presente estudo, durante a fase de AT houve uma menor ativação do GL no lado comprometido. Como nessa fase é necessário realizar flexão plantar (elevação do calcanhar) para acontecer a progressão, e o joelho estava em flexão, houve uma menor ativação do GL no lado comprometido, pois a maioria dessas crianças já apresentava flexão plantar (gráfico 4).

Embora a atividade do GL diminua rapidamente no PB para elevar o corpo, ela é suficiente para acelerar o avanço do membro. Essa é uma contribuição importante para o balanço. O efeito é uma rápida flexão do joelho[16]. Isso pode explicar a menor ativação do GL durante a fase de PB no lado comprometido, pois houve presença de flexão plantar nessa fase e também a elevação prematura do calcanhar no AM (gráfico 4).

De acordo com Perry[16], à medida que a tíbia torna-se vertical na fase de BM, o peso do pé cria um torque forte para baixo, então o tornozelo flete em resposta à gravidade. Esses resultados foram observados no presente estudo, pois na fase de BM o GL da perna comprometida teve uma maior ativação, provavelmente devido à espasticidade desse músculo que aumentou o torque de flexão (gráfico 4). Essa ativação continua na fase de BT, pois há uma extensão inadequada de joelho (40° de flexão) no BM, devido atraso resultante do avanço tibial.

Cimolin et al.[21] realizaram um estudo com 28 crianças hemiplégicas onde houve diferença do padrão da marcha do lado não comprometido quando comparado com o lado comprometido e grupo controle. O lado não comprometido foi caracterizado por um aumento no tempo da fase de apoio comparado com os outros grupos. A principal diferença na cinemática foi encontrada nas articulações proximais: o joelho encontrava-se mais fletido que a média durante a maior parte do ciclo da marcha e o quadril apresentou maior flexão do início do apoio e na fase de balanço.

Em função das limitações apresentadas, esse estudo poderia ser repetido com um número amostral maior. Houve uma grande variabilidade encontrada nesta amostra, não sendo possível definir um padrão de atividade eletromiográfica. Cada criança comportou-se de uma maneira diferente em uma determinada fase da marcha, o que provavelmente dificultou a correlação entre a ativação muscular e velocidade. Sendo assim, um estudo com um número amostral maior teria uma maior chance de correlação.

Além disso, acredita-se que a coleta simultânea de dados em ambas as pernas do paciente reduziria o tempo da coleta e aumentaria a confiabilidade dos dados.

CONCLUSÃO

O presente estudo mostrou que não houve correlação entre a maioria das medidas de velocidade e as medidas de ativação dos músculos RF, BF, TA e GL quando normalizadas. Porém ao comparar a eletromiografia da perna comprometida e perna não comprometida nas respectivas fases da marcha, houve diferença significativa entre a maioria das medidas.

As causas primárias das anormalidades da marcha das crianças hemiplégicas podem ser atribuídas aos problemas distais, como por exemplo, a falta de controle da articulação do tornozelo, o que leva a significativas compensações proximais. O estudo também mostrou que há alterações na EMG do lado não comprometido e comprometido, o que confirma a presença de compensações para tentar alcançar a melhor funcionalidade.

Este estudo comprovou que a análise da velocidade pode não ser suficiente para predizer sobre a ativação muscular, sendo necessário a associação com outras variáveis como tônus, cinemática e outras.

Portanto, recomenda-se que mais estudos sejam desenvolvidos para analisar variáveis ainda não estudadas, como a influência de diferentes tamanhos de footswitchs nos resultados da EMG, realizar a EMG simultaneamente entre as duas pernas, e um número amostral maior, visando fomentar o conhecimento científico sobre a influência da velocidade e ativação muscular.

REFERÊNCIAS

[1] Bell KJ et al. Natural progression of gait in children with cerebral palsy. *Journal of Pediatric Orthopaedics.* 2002; 22(1):677-82.

[2] Patikas D, Wolf S, Doderlein L. Eletromyographic evaluation of the sound and involved side during gait of spastic

hemiplegic with cerebral palsy. *European Journal of Neurology.* 2005; 12(1):691-9.

[3] Ishihara M et al. Plantarflexor training affects propulsive force generation during gait in children with spastic hemiplegic cerebral palsy: a pilot study. *Journal of Physical Therapy Science.* 2015; 27(1):1283-6.

[4] Tecklin JS. Fisioterapia para Crianças com Paralisia Cerebral. In: Styer-Acevedo J. *Fisioterapia Pediátrica.* Porto Alegre: Artmed, 2002. p. 99-140.

[5] Pirpiris M et al. Walking speed in children and young adults with neuromuscular disease: comparison between two assessment methods. *Journal of Pediatric Orthopaedics.* 2003; 23(1):302-7.

[6] Tao W et al. Multi-scale complexity analysis of muscle coactivation during gait in children with cerebral palsy. *Front Hum Neurosci.* 2015; 22(9):1-13, article 367.

[7] Graser JV, Letsch C, Hedel HJA. Reliability of timed walking tests and temporo-spatial gait parameters in youths with neurological gait disorders. *BMC Neurology.* 2016; 15(1):1-12

[8] De Stefano A et al. Effect of gait cycle selection on EMG analysis during walking in adults and children with gait pathology. *Gait and Posture.* 2004; 20(1):92-101.

[9] Granata KP, Padua DA, Abel MF. Repeatability of surface EMG during gait in children. *Gait and Posture.* 2005; 22(1):346-50.

[10] Whittle MW. Clinical gait analysis: A review. *Human Movement Science*. 1996; 15(3):369-87.

[11] Morton JF, Brownlee M, Mcfadyen AK. The effects of progressive resistance training for children with cerebral palsy. *Clinical Rehabilitation*. 2005; 19(1):283-9.

[12] Thompson P et al. Test–retest reliability of the 10-metre fast walk test and 6-minute walk test in ambulatory school-aged children with cerebral palsy. *Developmental Medicine & Child Neurology*. 2008; 50(1):370-6.

[13] Peters DM, Fritz SL, Krotish DE. Assessing the Reliability and Validity of a Shorter Walk Test Compared With the 10-Meter Walk Test for Measurements of Gait Speed in Healthy, Older Adults. *Journal of Geriatric Physical Therapy*. 2013; 36(1):24–30.

[14] Forrest GF et al. Are the 10 Meter and 6 Minute Walk Tests Redundant in Patients with Spinal Cord Injury? *PLoS One*. 2014; 9(5):e94108.

[15] Zwaan E et al. Synergy of EMG patterns in gait as an objective measure of muscle selectivity in children with spastic cerebral palsy. *Gait & Posture*. 2012; 35(1):1-115.

[16] Perry J. *Análise de Marcha: Marcha Normal*. Barueri:Manole, 2005; 1-6.

[17] Nene A, Mayagoitia R, Veltink P. Assesment of rectus femoris function during initial swing phase. *Gait and Posture.* 1999; 9(1):1-9.

[18] Gage JR. Especific problems of the hips, kness and ankles. In: Gage JR. *The Treatment of Gait Problems in Cerebral Palsy.* 2004; 1(1):205-16.

[19] Boyd R et al. High-or-low- technology measurements of energy expenditure in clinical gait analysis? *Developmental Medicine & Child Neurology.* 1999; 41(1):76-682.

[20] Romkes J, Brunner R. An electromyography of obligatory (hemiplegic cerebral palsy) and voluntary (normal) unilateral toe-walking. *Gait and Posture.* 2007; 26(1):577-86.

[21] Cimolin V et al. Gait strategy of uninvolved limb in children with spastic hemiplegia. *Europa Medicophysica.* 2007; 43(1):1-8.

Capítulo 5

Variáveis de Treinamento para o Ganho de Flexibilidade

Elder Lopes Bhering
Gabriel Guimarães Cordeiro

INTRODUÇÃO

Entre várias definições, a flexibilidade pode ser descrita como a habilidade de um músculo em alongar-se, permitindo que uma ou mais articulações alcancem uma determinada amplitude de movimento (ADM)[1]. Esta capacidade tem sido considerada um importante componente para a caracterização do nível de aptidão física relacionado com o desempenho atlético e a saúde[2,3] e por isso, sua mensuração e treinamento tornaram-se uma prática tão comum.

A modalidade de exercício mais conhecida e usada para melhorar a flexibilidade são os exercícios de alongamento. Eles são frequentemente utilizados no âmbito esportivo e na reabilitação, principalmente com o objetivo de aumento da amplitude de movimento articular[4,5,6,7,8]. O termo ADM articular, muitas vezes é descrita de forma sinônima a flexibilidade, mas importante considerar, que a ADM articular é uma variável mensurável e refere-se, mais tipicamente, à quantidade de movimento articular.

Apesar da prescrição dos exercícios de alongamento representar uma rotina comum, existem dúvidas a respeito da técnica e das características do estímulo de alongamento que possibilitam maior efetividade. As técnicas de alongamento mais utilizadas são: Balística ou Dinâmica, Estática e Facilitação Neuromuscular Proprioceptiva (FNP)[1]. A técnica Estática é a mais largamente empregada devido a sua simplicidade, mas não há consenso sobre qual delas é a mais eficaz[9,10,11].

DESENVOLVIMENTO

São descritas na literatura várias características do estímulo de alongamento que possivelmente podem interferir nos resultados alcançados com o treinamento, dentre estas: a duração, o número de repetições, a frequência, a intensidade do alongamento[12] e a pausa entre repetições.

Duração

Sobre a duração, vários estudos investigaram o tempo ótimo de sustentação do estímulo de alongamento sem apresentar concordância na recomendação. Duração do alongamento de 15s[13,14], 30s[1,4,15,16] e 60s[17] foram apontadas em pesquisas como sendo a duração ideal do estímulo de alongamento para períodos de treinamento superiores a três semanas. A ampla variação observada, para duração ótima, pode estar relacionada ao uso de amostras com diferentes faixas etárias entre os estudos e também a falta de controle ou variação nos outros componentes do estímulo de treinamento, como por exemplo, na intensidade do alongamento. Atualmente as normativas de carga para este componente convergem para durações de até 30 segundos para a população mais jovem, uma vez que apenas Feland et al.[17] reportaram maiores benefícios com durações de 60 segundos. Neste estudo a amostra usada tinha média de idade superior a 65 anos.

Repetições

Estudos realizados por Taylor et al.[18] e Magnusson et al.[19] investigaram os efeitos viscoelásticos agudos do alongamento. Taylor et al.[18] utilizando animais relataram que 80% dos ganhos de flexibilidade obtidos durante 10 repetições sucessivas de alongamento ocorreram até a quarta repetição. Magnusson et al.[19], usando humanos em sua amostra, observaram diminuição significativa no pico de torque passivo até a quinta repetição durante o protocolo de alongamento. O número de 4 ou 5 repetições parece ser bastante recomendável para o alcance de aumento da ADM em um programa de alongamento, entretanto outros estudos que comparam o efeito crônico da variação do número de repetições deveriam ser conduzidos.

A pausa ou intervalo, entre as repetições, é um componente determinante nos efeitos de um programa de treinamento de força[20]. Entretanto, não é conhecido se este componente influencia de maneira significativa os resultados de um programa de treinamento da flexibilidade. Investigar a influência deste componente da carga seria de grande importância.

Frequência

A frequência do alongamento é definida como o número de sessões de treinamento na semana. Há poucos estudos e consenso sobre a frequência recomendada para o treinamento da flexibilidade, assim como a manutenção dos ganhos obtidos após a interrupção de um programa de treinamento de flexibilidade (retenção)[12]. Estudos que utilizaram a frequência de duas vez por semana demonstraram aumento significativo da flexibilidade após um programa de treinamento de duração de 6 semanas[16,21,22]. Bhering[16] obteve ganhos de ADM superiores a 47% nos grupos que realizaram treinamento em intensidades elevadas. Estudo de Wallin et al.[23] sugerem que um programa de alongamentos realizado uma vez por semana é o suficiente para manter a flexibilidade conquistada.

Intensidade

A intensidade do estímulo de alongamento refere-se ao nível de deformação a que a UMT é submetida[24], e os poucos estudos que investigaram o efeito de diferentes intensidades do estímulo de alongamento sobre a variável ADM máxima (ADMmáx) demonstraram que este componente pode influenciar de maneira distinta nos resultados alcançados após uma sessão de alongamento (efeito agudo)[25,26,27] e também após um período de 6 semanas de treinamento (efeito crônico)[16]. Há evidências de que exercício de alongamento em intensidade máxima, ou próximo a esta, promova aumento agudo na ADMmáx, significativamente maior que intensidades submáximas[16,25,26], mas que a intensidade de treinamento de 65% da ADMmáx é suficiente para promover alterações significativas na variável ADMmáx[16,27]. Sendo assim, pode-se dizer que a intensidade do estímulo de alongamento adotada em um programa de treinamento é determinante para se alcançar maiores ganhos na ADMmáx. Assim, intensidades elevadas, próximo ao máximo da tolerância do indivíduo, devem ser priorizadas nos treinamentos daqueles indivíduos que tenham como objetivo alcançar grandes ADMs articulares, como é o caso de atletas da ginástica olímpica e dança. Apesar de maiores ganhos na ADMmáx serem alcançados após treinamento usando uma intensidade elevada, o uso de uma intensidade considerada pouco "desagradável" pelos voluntários (65% da ADMmáx) foi suficiente para gerar aumento na ADMmáx[16,27] e também pode ser usada em indivíduos que apresentem limitação da ADM articular e pretendem aumentá-la. Indivíduos idosos ou enfermos, por exemplo, que muitas vezes apresentam limitação da ADM articular e não apreciam realizar exercícios de alongamento devido ao desconforto gerado durante esta prática poderiam se beneficiar da informação de que realizando exercícios de alongamento em uma intensidade mais baixa e com alto controle do posicionamento também aumentariam a ADMmáx.

CONSIDERAÇÕES FINAIS

O objetivo de todos os programas de treinamento da flexibilidade deve ser permitir que a unidade músculo tendínea seja alongada durante toda a ADM necessária para uma função livre de lesão. Desta forma, ao se modificar as combinações dos componentes da carga de treinamento os profissionais devem sempre considerar o público que irá realizá-lo e os objetivos desejados. Atletas possuem necessidades diferentes aos pacientes em programas de reabilitação e idosos. Realizar programas de treinamento de flexibilidade com componentes similares para estes grupos com certeza não atenderá as necessidades individuais. Reconhecer as necessidades específicas de cada indivíduo que irá realizar um programa de treinamento de flexibilidade é responsabilidade do profissional que está prescrevendo e acompanhado a realização dos exercícios de alongamento.

REFERÊNCIAS

[1] Bandy WD, Iron JM, Briggler M. The Effect of Time and Frequency of Static Stretching on Flexibility of the Hamstring Muscles. *Phys. Ther.* 1997; 77(10):1090-6.

[2] Hortobágyi J et al. Effects of intense stretching - flexibility training on the mechanical profile of the knee extensors and on the range of motion of the hip joint. *Intern. J. Sports Med.* 1984; 6:317-21.

[3] Niemann DC. *Exercício e saúde*: como se prevenir de doenças usando o exercício como seu medicamento. São Paulo:EditoraManole Ltda., 1999. p.317.

[4] Bandy WD, Iron JM. The Effect of Time on Static Stretch on the Flexibility of the Hamstring Muscles. *Phys. Ther.* 1994; 74(9):845-50.

[5] Roberts JM, Wilson K. Effect of stretching duration on active and passive range of motion in the lower extremity. *Br. J. Sports Med.* 1999; 33(4):259-63.

[6] Harvey L, Herbert R, Crosbie J. Does stretching induce lasting increases in joint ROM? A systematic review. *Physiother. Res. Int.* 2002; 7(1):1-13.

[7] Zakas A. The effect of stretching duration on the lower-extremity flexibility of adolescent soccer players. *J. Bodywork Mov. Ther.* 2005; 9(3):220-5.

[8] Zakas A et al. Acute effects of stretching duration on the range of motion of elderly women. *J. Bodywork Mov. Ther.* 2005; 9(4):270-6.

[9] Hardy L, Jones D. Dynamic Flexibility and Proprioceptive Neuromuscular Facilitation. *Res. Q. Exerc. Sport.* 1986; 57(2):150-3.

[10] Harttley-O'brien SJ. Six mobilization exercise for active range of hip flexion. *Res. Q. Exerc. Sport.* 1980; 51:625-35.

[11] Chagas MH, Schmidtbleicher D. *Effect of increase of the range of motion on muscle strength performance.* In: EUROPEANCOLLEGE OF SPORT SCIENE CONGRESS, 6., 2001, Cologne. Proceedings of the 6th Annual Congress of European College of Sport Science, Cologne: [s.n.], 2001; p.1040.

[12] Knudson D. Stretching: From science to practice. *The journal of Physical Education, Recreation and Dance.* 1998; 69(3):38-42.

[13] Borms J et al. Optimal duration of static stretching exercises for improvement of coxo-femoral flexibility. *J. Sports Sci.* 1987; 5(1):39-47.

[14] Odunaiya NA, Hamzat TK, Ajayi OF. The Effects of Static Stretch Duration on the Flexibility of Hamstring Muscles. *Afr. J. Biomed. Res.* 2005; 8(2):79-82.

[15]   Ford GS, Mazzone MA, Taylor K. The Effect of 4 Different Durations of Static Hamstring Stretching on Passive Knee-Extension Range of Motion. *J. Sport Rehabil.* 2005; 14(2):95-107.

[16]   Bhering EL. *Efeito crônico de diferentes durações e intensidades de alongamento na amplitude movimento máxima, no torque passivo máximo e na rigidez passiva.* 2009. 102f. Dissertação (Mestrado em Ciências do Esporte) – Escola de Educação Física, Fisioterapia e Terapia Ocupacional. Universidade Federal de Minas Gerais, Belo Horizonte, 2009.

[17]   Feland JB et al. The Effect of Duration of Stretching of the Hamstring Muscle Group for Increasing Range of Motion in People Aged 65 Years or Older. *Phys. Ther.* 2001; 81(5):1110-7.

[18]   Taylor DC et al. Viscoelastic properties of muscle-tendon units: The biomechanical effects of stretching. *Am. J. Sports Med.* 1990; 18(3):300-9.

[19]   Magnusson SP et al. Viscoelastic stress relaxation during static stretch in the human skeletal muscle in the absence of EMG activity. *Scand. J. Med. Sci. Sports.* 1996; 6(6):323-8.

[20]   Salles BF et al. Rest interval between sets in strength training. *Sports Med.* 2009; 39(9):765-77.

[21] Cançado GHCP. *Efeito do treinamento muscular concêntrico e da flexibilidade nas propriedades músculo tendíneas e na força muscular.* 2007. 109f. Dissertação (Mestrado em Educação Física) – Escola de Educação Física, Fisioterapia e Terapia Ocupacional, Universidade Federal de Minas Gerais, Belo Horizonte, 2007. p.85.

[22] Chagas MH. *Auswirkungen von Beweglichkeitstraining auf die muskuläre Leistungsfähigkeit.* 2001.138f. Johann Wolfgang Goethe-Universitaet, Deutschland, Frankfurt, 2001.

[23] Wallin D et al. Improvement of muscle flexibility: a comparison between two techniques. *Am. J. Sports Med.* 1985; 13:263-8.

[24] Young W, Elias G, Power J. Effects of static stretching volume and intensity on plantar flexor explosive force production and range of motion. *J. Sports Med. Phys. Fitness.* 2006; 46(3):403-11.

[25] Marschall F. Wie beeinflussen unterschiedliche Dehnintensitäten kurzfristig die Veränderung der Bewegungsreichweite. *Deutsche Zeitschriftfür Sport medizin.* 1999; 50(1):5-9.

[26] Chagas MH et al. Comparação de Duas Diferentes Intensidades de Alongamento na Amplitude de Movimento. *Rev. Bras. Med. Esporte.* 2008; 14(2):99-103.

[27] Bergamini JC. *Efeito agudo de diferentes durações e intensidades de alongamento no desempenho da flexibilidade.* 2008. 111f. Dissertação (Mestrado em Ciências do Esporte) – Escola de Educação Física, Fisioterapia e Terapia Ocupacional, Universidade Federal de Minas Gerais, Belo Horizonte, 2008.

Capítulo 6

Atuação do fisioterapeuta na educação para a saúde: Verificação da adesão da população atendida pelo SUS do município de Nova Lima -MG às Campanhas Outubro Rosa e Novembro Azul de 2014

Francely de Castro e Sousa
Ana Carolina Batista Barbosa
Ângela Batista Oliveira Ramos
Nayara Corrêa Ferreira Magalhães

INTRODUÇÃO

Há quem diga que o mercado não está favorável para a área da saúde; outros arriscam dizer que o momento não é favorável a nada, pois vivemos um período conturbado, de grave crise econômica. Por mais que a situação econômica do país não seja ideal, lamentar e/ou insistir em áreas já saturadas, em nada poderá ajudar.

Em tempos de crise, ou não, o mercado sempre terá brechas, áreas não exploradas e, no caso em comento, devidamente regulamentadas.

A Fisioterapia remonta de muitos séculos, época em que nossos ancestrais já usavam recursos como o aquecimento ou o resfriamento, a imersão e o toque no tratamento de muitas disfunções, ainda que de maneira empírica.

Para o Conselho Federal de Fisioterapia e Terapia Ocupacional (COFFITO)[1] a fisioterapia é definida como ciência da saúde que estuda, previne e trata distúrbios cinético-funcionais. Dentre as atribuições principais do fisioterapeuta, tem-se a educação, prevenção e assistência fisioterapêutica coletiva, na atenção primária em saúde. Além disso, o referido conselho, no âmbito das atribuições específicas, reza que é pertinente a participação em programas institucionais, ou seja, atuação nas equipes multiprofissionais destinadas a planejar, implementar, controlar e executar projetos, políticas, programas, cursos, pesquisas ou eventos em Saúde Pública.

Segundo Faria[2], a fisioterapia utiliza processos de recuperação do indivíduo por meio de um conjunto de técnicas corporais que agem sobre o organismo humano, reproduzindo uma mobilização ativa ou passiva, restaurando o gesto e a função das diferentes partes do corpo. Tem como objetivos principais prevenir, manter e restaurar a integridade dos movimentos, órgãos, sistemas e funções. Trata-se de manter o movimento sem a ocorrência de sintomas durante atividades funcionais básicas ou complexas.

Até pouco tempo as atribuições dos fisioterapeutas estavam bastante restritas à doença. As possibilidades de intervenção eram para o tratamento de patologias e a reabilitação dos organismos lesados. A prevenção de problemas e a promoção de saúde não faziam parte da atuação do fisioterapeuta. Ao longo de sua história, a fisioterapia vem atuando em todos os níveis de assistência à saúde, incluindo a prevenção, a promoção, o tratamento e a recuperação, com ênfase no movimento e na função[2].

Embora a fisioterapia seja vista como uma ação reabilitadora, inserida num modelo curativo, em que se atua após a instalação de um quadro patológico, como fora explicitado, a profissão tem respaldo legal para atuar na prevenção de agravos e na mantença e promoção à saúde[3].

O Sistema Único de Saúde vem implementando, há mais de uma década, as campanhas Outubro Rosa e Novembro Azul. Tais campanhas são ações educativas, decorrentes de campanhas mundiais e que ocorrem, também, na iniciativa privada[4].

Ainda que o tema seja relevante, publicações que verificam a adesão da população a essas campanhas ainda são escassas. Neste capítulo, ainda que com acesso aos dados de uma cidade apenas, faremos uma reflexão sobre a conscientização da população acerca da necessidade de educação para a saúde, bem como delinearemos uma área ainda pouco explorada pelo profissional da Fisioterapia. Com ele apresentaremos a adesão às campanhas já implementadas, bem como identificaremos e reforçaremos a importância da atuação do Fisioterapeuta na atenção primária.

DESENVOLVIMENTO

O câncer (CA) é um relevante problema mundial de saúde pública, sendo de extrema importância e prioridade no país o controle e prevenção do mesmo. Segundo o Instituto Nacional do Câncer-INCA[5], CA é o nome dado a um conjunto de doenças que têm em comum o crescimento desordenado de células anormais que invadem os tecidos e órgãos, podendo espalhar-se para outras regiões do corpo. A velocidade de multiplicação das células e a capacidade de invadir tecidos e órgãos vizinhos ou distantes são denominadas metástases. Dividindo-se rapidamente, estas células tendem a ser muito agressivas e incontroláveis, determinando a formação de tumores ou neoplasias malignas. Por outro lado, um tumor benigno significa simplesmente uma massa localizada de células que se multiplica vagarosamente e se assemelha ao seu tecido original, raramente constituindo um risco de vida. Para 2014/2015 foram estimados 576 mil novos casos de câncer no Brasil, sendo 75 mil para o câncer de mama e 69 mil para o câncer de próstata. Ainda de acordo com o INCA[5], o câncer de pele não melanoma é o câncer mais frequente no Brasil e corresponde a 25% de todos os tumores malignos registrados no país.

Segundo Silva e Riul[6], o câncer de mama tende a crescer progressivamente entre os 40 e 60 anos sendo raro antes dos 35 anos. É a principal neoplasia maligna que acomete as mulheres no Brasil[7], resultante da multiplicação de células anormais da mama, que forma um tumor com potencial de invadir outros órgãos.

No Brasil, as taxas de mortalidade por câncer de mama continuam elevadas, muito provavelmente porque a doença ainda é diagnosticada em estágios avançados, o que requer tratamentos mais radicais[8].

O exame clínico da mama realizado pelo médico, a mamografia e o autoexame das mamas feito pela própria mulher, são os métodos eficientes para detectar o câncer de mama de maneira precoce[9,10]. Segundo Bim *et al.*[11], esses métodos estão diretamente relacionados às informações e conscientização das mulheres sobre a importância da realização dos mesmos. Porém, o Ministério da Saúde considera a mamografia e o exame clínico das mamas como principal método de rastreamento do câncer de mama, não recomendando o autoexame.

Segundo Cestari e Zago[12], para prevenir o câncer, a população deve ser informada sobre os comportamentos de risco, os sinais de alerta e a frequência da prevenção.

A palavra prevenção tem origem no Latim *praeventio* traduz-se pelo ato de prevenir-se, premeditar, dispor-se previamente ou ter opinião antecipada. A prevenção, na área da saúde, é composta por ações de caráter primário e genérico, tais como a melhoria das condições de vida, redução da suscetibilidade das pessoas às doenças e educação sanitária. A prevenção se dá também através da detecção precoce das doenças, do seu tratamento adequado e nas ações destinadas a minimizar as suas consequências[12].

As campanhas Outubro Rosa e Novembro Azul têm como objetivo conscientizar a população sobre a detecção precoce do câncer. As Secretarias de Estado de Saúde preparam uma série de ações de mobilização e conscientização contra o câncer de próstata e de mama. O mês de outubro ficou conhecido como Outubro Rosa na década de 90, na mesma época que o símbolo, o laço cor-de-rosa foi lançado. Já o bigode, símbolo da campanha novembro azul, ficou conhecido no ano de 2003[4].

Quando do surgimento das campanhas, e durante seu desenvolvimento, muitas ações foram implementadas, tais como a confecção e distribuição de cartazes, folhetos explicativos e cartilhas, bem como a iluminação diferenciada de pontos turísticos, tudo para chamar a atenção sobre a necessidade e importância da detecção precoce do câncer de mama e de próstata para a população[13].

Apresentaremos, a seguir, o trabalho de campo realizado. Trata-se de uma pesquisa epidemiológica descritiva observacional ecológica, vez que se procurou estudar a distribuição das doenças num determinado local. A obtenção dos dados para o estudo foi feita através das fontes secundárias. As informações foram coletadas no segundo semestre de 2015, a partir da base de dados do DATASUS, fornecidas pela secretaria de saúde de Nova Lima. A classificação de estudo observacional ecológico se deve ao fato de ele descrever as diferenças do perfil da população de 2014 e de 2015, comparando as frequências das consultas e exames, por meio de registros de dados coletados rotineiramente, a partir de fonte de dados oficiais.

Os dados foram coletados na cidade de Nova Lima/MG, município com 88.672 habitantes, para verificar a adesão da população das campanhas Outubro Rosa e Novembro Azul de 2014, nas consultas mastológicas e urológicas, bem como nos exames de triagem diagnóstica para os cânceres de mama e próstata, no período de Janeiro/2014 a Junho/2014, comparado com Janeiro/2015 a Junho/2015.

Foi realizado um levantamento de atendimentos referentes à saúde da mulher e do homem na Secretaria de Saúde, juntamente com a Associação Casa Rosal de Nova Lima, nos meses de Janeiro a Julho de 2014, anteriores às campanhas, e na mesma época, depois das campanhas de 2014. Buscou-se verificar possíveis alterações no número de consultas mastológicas e urológicas, pois podem se relacionar ao câncer de mama e de próstata. Também foi feita avaliação da quantidade de exames complementares realizados para triagem diagnóstica antes e depois das campanhas. Os exames considerados foram mamografia, ultrassom de mama, biópsia de mama, ultrassom de próstata e biópsia de próstata.

Outro dado investigado foi a presença e pertinência do fisioterapeuta na Secretaria de Saúde e na Associação Casa Rosal de Nova Lima. Foi realizada uma entrevista direcionada às responsáveis pelo setor (Questionário, apêndice 1), que foi gravada e transcrita a posteriori para análise das respostas.

O trabalho foi submetido ao Comitê de Ética e Pesquisa da Faculdade Newton Paiva por meio da Plataforma Brasil e autorizado com CAAE48476515.4.0000.5097. A Secretaria de Saúde de Nova Lima – MG assinou o Termo de Autorização de Uso de Dados e o Termo de Responsabilidade sobre o uso de banco de dados foi assinado pelas alunas e pela orientadora da pesquisa.

Os resultados quantitativos foram analisados estatisticamente com teste *t Paramétrico* para se observar a significância dos dados. As informações de caráter qualitativo (entrevista) foram consideradas e discutidas.

Os dados obtidos na Associação Casa Rosal e na Secretaria de Saúde de Nova Lima, referentes às consultas mastológicas e urológicas e os exames de mamografia, ultrassom de mama e de próstata e biópsia de mama e de próstata, comparando 2014 e 2015 são apresentados no gráfico seguinte.

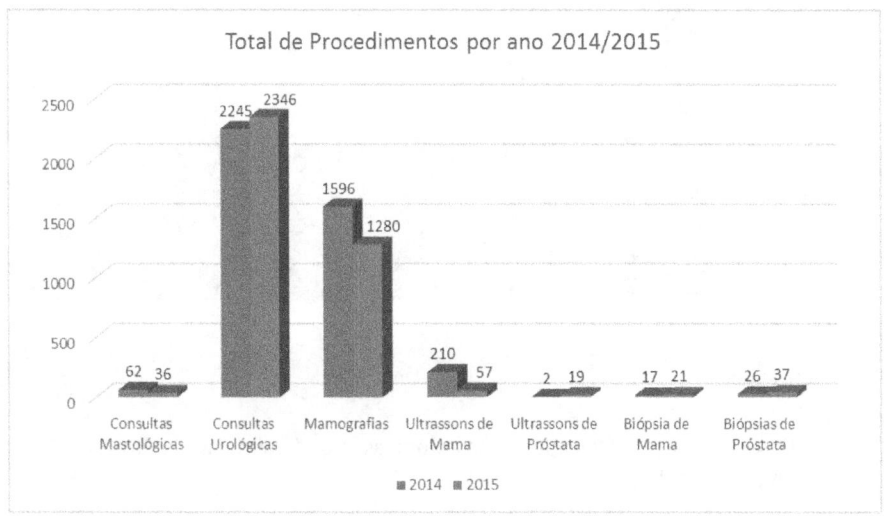

GRÁFICO 1 – Total de procedimentos realizados por ano em 2014 e 2015.

No gráfico 2, temos os resultados referentes às consultas mastológicas comparando os meses de janeiro a junho de 2014 com janeiro a junho de 2015.

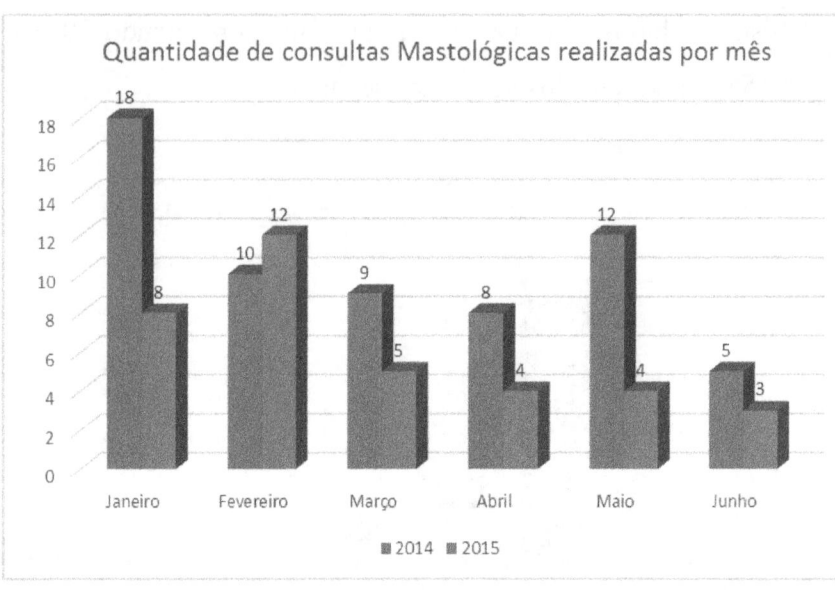

GRÁFICO 2 – Consultas mastológicas de Janeiro a Junho de 2014 comparado a 2015.

De acordo com esses dados, a procura por elas teve um aumento no mês de fevereiro de 2015, representando um efeito positivo das campanhas, bem como uma conscientização do público. Um fator que pode justificar o aumento de consultas no mês de fevereiro é a iminência do término do período de férias escolares, pois nesta época há facilidade de cumprimento de horários por parte dos clientes devido à existência de uma rotina mais tranquila.

Nos demais meses, o ano de 2014, evidenciou um número alto de consultas mastológicas superando o ano de 2015. De acordo com a Secretaria de Saúde e Associação Casa Rosal de Nova Lima, as campanhas vêm surtindo efeitos positivos, visto não se tratar do primeiro ano de conscientização realizado por meio da Campanha Outubro Rosa.

A diferença entre os anos é estatisticamente relevante $p=0,02$ (ou seja, $p<0,05$), o que indica que foi significativa, porém, tal diferença se deve à redução do número de consultas mastológicas, 62 em 2014 e 36 em 2015, dado que não evidencia adesão à Campanha Outubro Rosa/2014.

Ao se analisar o item consultas urológicas obtém-se o gráfico 3.

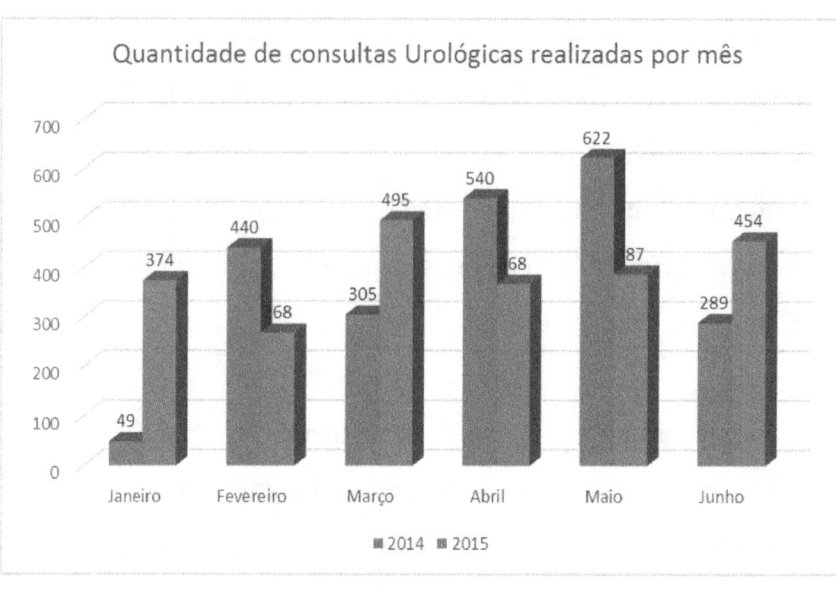

GRÁFICO 3 – Consultas urológicas de Janeiro a Junho de 2014 comparado a 2015.

Sobre as consultas urológicas, no ano de 2014, foram evidenciadas muitas consultas tanto em 2014 quanto em 2015; porém a diferença não foi significativa, embora tenha ocorrido aumento, de 2245 consultas em 2014, para 2346 em 2015 (p= 0,43).

Segundo Maia[14], existem vários obstáculos em relação ao câncer de próstata e seu diagnóstico, dentre eles a falta de informação da população, crenças antigas e negativas, preconceito contra o câncer e o exame preventivo, como o toque retal; a falta de um exame específico e sensível para detectar em fase microscópica e a ausência de rotinas abrangentes programadas no serviço de saúde públicas e privadas que favoreçam a detecção do câncer de próstata.

Conforme foi observado, não houve um incremento significativo no número de consultas mastológicas e urológicas após as campanhas, se compararmos os resultados, isso pode ser justificado pela data de início das campanhas em Nova Lima, 2013 foi o início da campanha Outubro Rosa, e 2014 da campanha Novembro Azul, ou seja, a adesão das mulheres já havia ocorrido desde 2013, o que pode ter influenciado os resultados.

No gráfico 4, temos os dados referentes às mamografias realizadas.

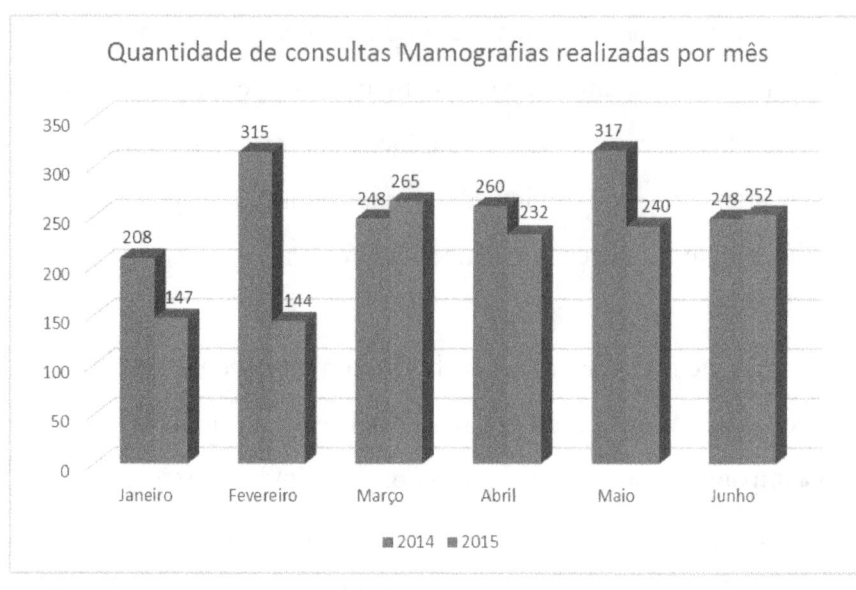

GRÁFICO 4 – Mamografias realizadas de Janeiro a Junho de 2014 comparado a 2015.

Os números de mamografias realizadas no ano de 2014 foram maiores comparadas ao ano de 2015. Esse dado indica que não houve diferença significativa (p=0,06) entre os anos, sendo 1596, em 2014; e 1280, em 2015. Isso poderia significar que a campanha não impactou positivamente, porém, como mencionado, houve impacto positivo se considerarmos a periodicidade das campanhas anteriores, que geraram resultados positivos gradativos e cumulativos, a partir da conscientização do público feminino existente desde 2013.

Outro fator determinante para o impacto aparentemente negativo, segundo a Secretaria de Saúde de Nova Lima é a diminuição da prestação de serviço, com o descredenciamento de várias clínicas, devido à queda de arrecadação do município.

No gráfico 5, pode-se perceber dados sobre a realização de ultrassons de mama.

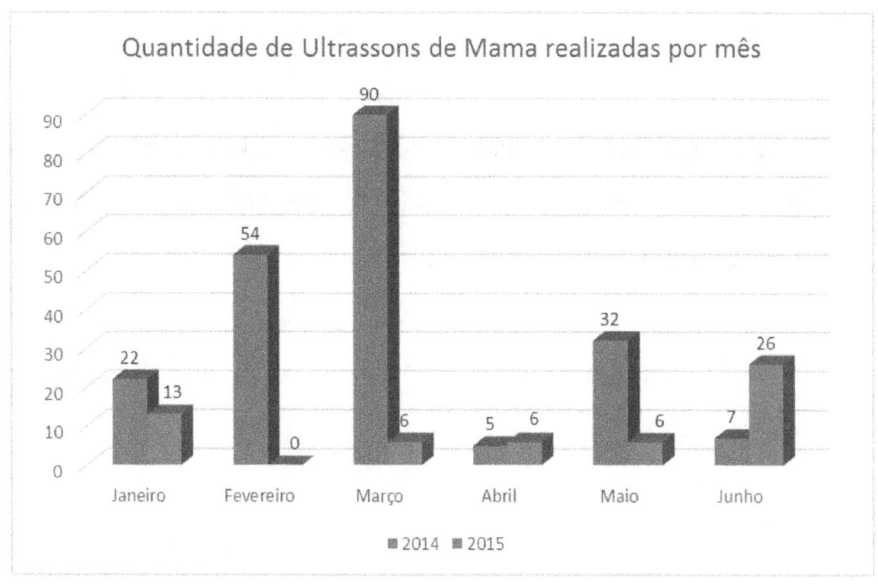

GRÁFICO 5 – Ultrassons de Mama realizadas de Janeiro a Junho de 2014 comparado a 2015.

Em relação ao número de ultrassons de mama, no ano de 2015, houve somente aumento nos meses de abril e junho, sendo que nos demais meses, o ano de 2014 evidenciou mais exames realizados. Esse dado não é significativo (p=0,08), o que indica que não houve diferença entre os anos, sendo 210 em 2014 e 57 em 2015. Segundo Chala e Barros[15], a indicação da ultrassonografia é ser usada como método suplementar à mamografia no rastreamento do câncer de mama, em mulheres com mamas radiologicamente densas; visa detectar lesões ocultas no exame físico e na mamografia. Dessa forma, pode se justificar as variações de números de ultrassons de mama evidenciadas nos resultados. Pode se inferir que a partir da avaliação da mamografia solicitada pelo médico, não houve necessidade de realização da ultrassonografia.

O gráfico 6, apresenta o número de ultrassons de próstata realizados.

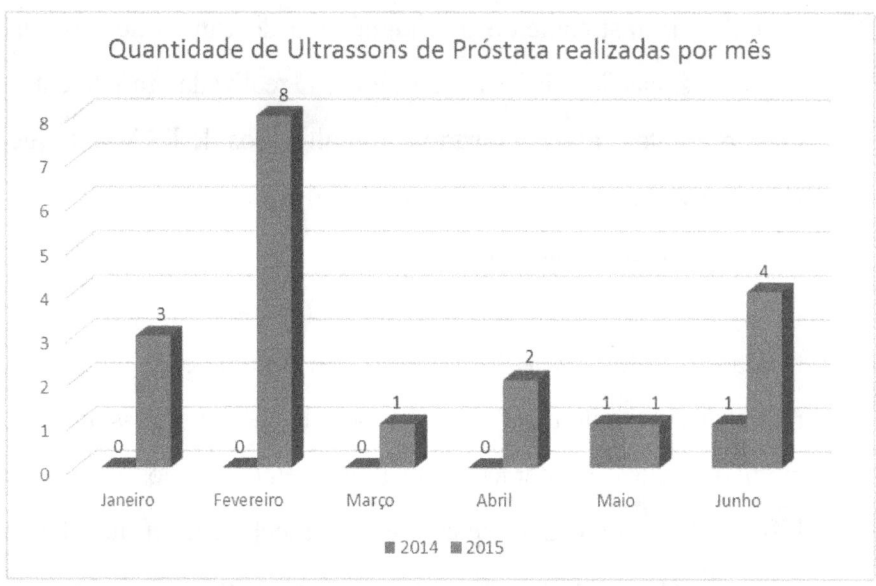

GRÁFICO 6 – Ultrassons de Próstata realizadas de Janeiro a Junho de 2014 comparado a 2015.

Em relação ao número de ultrassons de próstata, pode-se perceber que houve um aumento significativo (p=0,03) no ano de 2015 comparado a 2014. Esse dado, estatisticamente relevante, indica que o aumento dos ultrassons, 2 em 2014 e 19 em 2015, evidencia efeitos positivos da campanha Novembro Azul/2014.

Existem várias formas de se realizar o ultrassom de próstata e segundo Santos e Lamounier[16], a ultrassonografia transretal é utilizada no rastreamento do diagnóstico do câncer de próstata ou em associação à biópsia prostática. É realizada em pacientes que apresentam níveis elevados e/ou alterados de PSA ao toque retal e permite a visualização, em estágios iniciais, de um maior número de áreas tumorais.

Os dados do DATASUS que informam o número de ultrassons realizados, permitem inferir que a solicitação de ultrassom pelo médico se deve a alterações no toque retal e/ou nos níveis de PSA. Logo, percebe-se que a triagem pelo câncer nas fases iniciais está acontecendo, evidentemente como efeito das campanhas.

O Gráfico 7, mostra o número de biópsias de mama realizadas nos meses referidos.

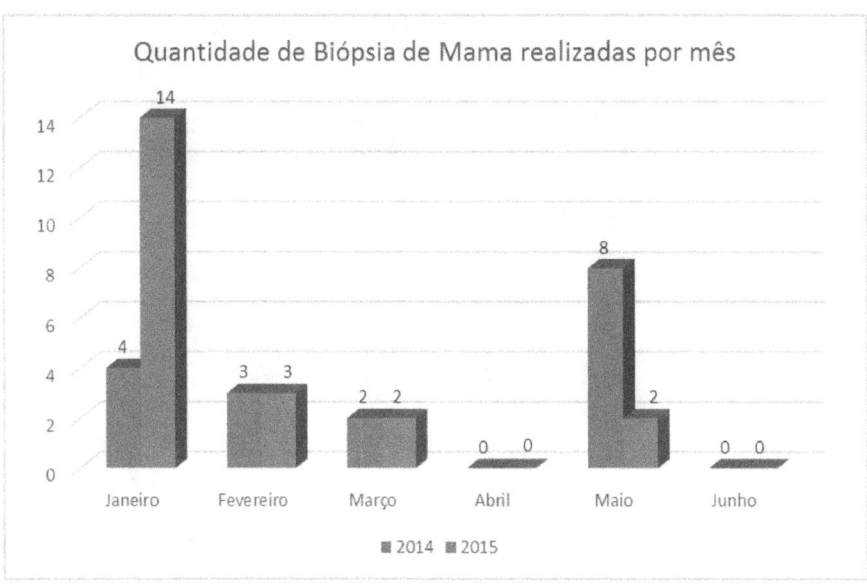

GRÁFICO 7 – Biópsias de Mama realizadas de Janeiro a Junho de 2014 comparado a 2015.

As biópsias de mama não apresentaram um aumento significativo (p=0,38) de um ano para o outro, o que indica que não houve diferença entre os anos, 17 em 2014 e 21 em 2015. Os resultados para o número de biópsias de mama podem ser justificados pela não necessidade de solicitação, por parte dos médicos, do exame.

O Gráfico 8, apresenta dados relacionados à biópsia de próstata.

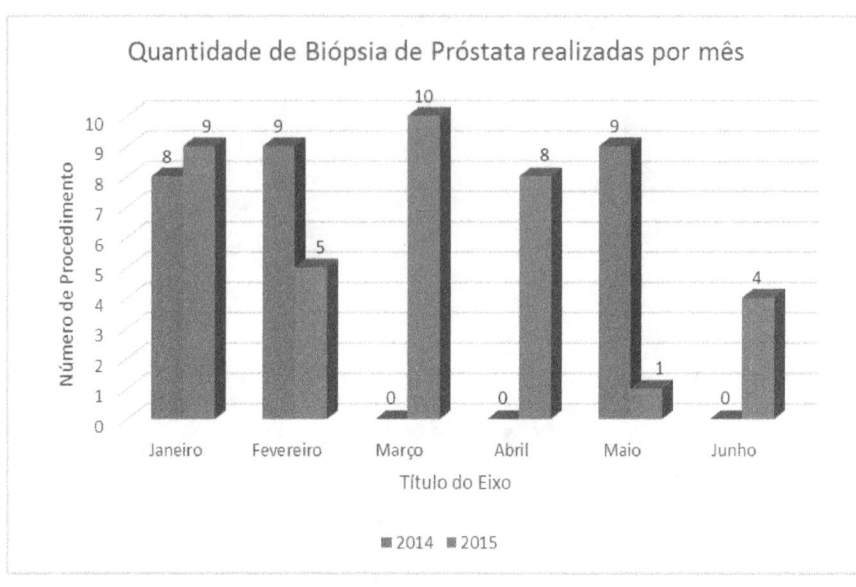

GRÁFICO 8 – Biópsias de Próstata realizadas de Janeiro a Junho de 2014 comparado a 2015.

Da mesma forma que o ultrassom de Próstata, segundo Santos e Lamounier[16], a biópsia de próstata também é indicada quando há alterações no toque retal prostático e alterações nos níveis de PSA. A ultrassonografia é utilizada junto com a biópsia prostática com o objetivo de orientar o procedimento, e impedir que biópsia seja realizada apenas pela alteração no toque retal.

No presente estudo, em relação à biópsia de próstata houve uma oscilação entre os anos de 2014 e 2015, esse dado não é significativo (p=0,27), o que indica que não houve diferença entre os anos, 26 em 2014 e 37 em 2015. Pode-se justificar esse dado pela não solicitação do exame pelo médico, devido aos pacientes não apresentarem alterações na ultrassonografia.

De acordo com o questionário aplicado às responsáveis pela Associação Casa Rosal e pela Secretaria de Saúde de Nova Lima – MG, percebe-se que esses órgãos são atuantes na educação para a saúde conscientizado a população quanto ao câncer de mama e de próstata. Porém, não há a presença do fisioterapeuta integrando a equipe de saúde nas Campanhas Outubro Rosa e Novembro Azul, no município de Nova Lima. Segundo entrevista, enfermeiros, terapeutas ocupacionais, psicólogas e assistentes sociais são os profissionais de saúde que participam dessas campanhas, por se tratarem dos profissionais presentes no serviço.

Ainda segundo as responsáveis, a ausência da atuação do fisioterapeuta nessas campanhas foi sentida não só durante as campanhas, como também durante o tratamento do paciente, pois poderia atuar tanto na prevenção e na detecção precoce do câncer quanto de suas complicações e comorbidades.

Devido à deficiência de verbas, Nova Lima ainda estuda a possibilidade da implantação do fisioterapeuta para fazer parte dessa equipe. A inclusão desse profissional na atenção básica da saúde é respaldada pelo Resolução nº. 80, de 9 de maio de 1987, que diz que o Fisioterapeuta pode atuar juntamente com outros profissionais nos diversos níveis de assistência à Saúde, na administração de serviços, na área educacional e no desenvolvimento de pesquisas e, além disso, a atuação é verificada como necessária e pertinente pela própria Secretaria de Saúde[1].

Diante dos resultados, pode-se verificar que as consultas e exames realizados em relação à saúde da mulher não tiveram um aumento esperado de 2014 para 2015. Foi evidenciado, então, que a Campanha Outubro Rosa não gerou a adesão esperada. À tal conclusão, deve-se agregar a informação que a implantação dessa Campanha, em Nova Lima, ocorreu em 2013, e que, em âmbito Nacional e Mundial, essa campanha já existe desde a década de 90, o que, de certa forma, mascarou os resultados, pois o público feminino, provavelmente, já havia aderido à campanha há mais tempo.

Em compensação, a Campanha Novembro Azul teve ênfase em Nova Lima no ano de 2014; com ela, houve o aumento das consultas e biópsias de próstata, além de aumento estatisticamente significativo do número de ultrassons de próstata; procedimentos esses para investigar a saúde do homem. Dessa forma ficou evidenciado que a Campanha Novembro Azul/2014 gerou mais adesão dos homens que procuraram e foram atendidos pelo serviço público de saúde.

Como a divulgação da Campanha Novembro Azul/2014 foi mais recente percebeu-se, comparando 2014 com 2015, um resultado positivo. Já na campanha Outubro Rosa, os resultados foram gradativos, o que não nos permite concluir que a Campanha não teve um efeito positivo, trata-se de resultados que refletem adesão desde 2013.

Não fora proposta deste estudo, verificar a adesão às campanhas anteriores, o que seria viável em um próximo trabalho, por exemplo, fazer uma análise dos resultados das campanhas desde sua implantação, assim, os dados cumulativos seriam considerados.

Enfim, a educação para a saúde é de responsabilidade da equipe multidisciplinar que trabalha nas unidades básicas. Ainda que em Nova Lima o fisioterapeuta não atue nessas Campanhas, a Secretária de Saúde da cidade reconhece a necessidade da atuação do profissional que é amparado pela Resolução do Coffito, nº. 80, de 9 de maio de 1987[1].

CONSIDERAÇÕES FINAIS

Por que não educar para prevenir e evitar tratamentos dispendiosos? O modelo preventivo de saúde é mais viável, financeiramente, que o curativo. Os gestores em saúde já perceberam isso, cabe aos profissionais, agora, se atentarem para essa demanda e se inteirarem das diversas possibilidades para atuação profissional na Fisioterapia.

Como abrimos o capítulo, reforçamos a ideia: Em tempos de crise se sobressai no mercado aquele profissional que possui diferencial, que encontra as possibilidades que o meio oferece, que enxerga além das áreas já saturadas.

APÊNDICE 1

QUESTIONÁRIO APLICADO AOS RESPONSÁVEIS PELO SERVIÇO DE SAÚDE

1 - A Casa Rosal atua na educação para saúde (prevenção e promoção), conscientizando a população no que diz respeito ao CA de mama e de próstata? De que maneira?

2 - Existe fisioterapeuta atuando nessas ações de educação para a saúde?

3 - Quando foi a inauguração da associação Casa Rosal? Qual o objetivo?

4 - Como foram divulgadas as campanhas Outubro Rosa e Novembro Azul?

5 - Como é realizado esse trabalho?

6 - A Casa Rosal faz um trabalho somente com os pacientes ou inclui seus familiares?

Em caso de não haver fisioterapeuta:

7 - A associação casa Rosal percebeu demanda para o profissional da fisioterapia durante as campanhas?

8 - A Casa Rosal cogita a possibilidade de inserção de fisioterapeuta nessa equipe?

APÊNDICE 2

Prefeitura Municipal de Nova Lima

TERMO DE AUTORIZAÇÃO

A Secretaria de Saúde de Nova Lima, autoriza a cessão de informações referente aos números de atendimentos das especialidades de urologia e mastologia, e o número de exames de mamografia, ultrassom de mama e de próstata e biópsia de mama e de próstata, para serem objeto de análise de monografia com o tema "Verificação dos efeitos das campanhas outubro rosa e novembro azul de 2014 no câncer de mama e de próstata da população atendida pelo SUS do município de nova lima – MG" do Curso de Fisioterapia do Centro Universitário Estácio de Belo Horizonte, feito pelas alunas Ana Carolina Batista Barbosa, Angela Batista Oliveira Ramos e Nayara Corrêa Ferreira Magalhães, orientado pela docente Francely de Castro.

Belo Horizonte, 23 de Setembro de 2015.

_____
RESPONSÁVEL
ASSINATURA/CARIMBO

REFERÊNCIAS

[1] COFFITO- *Conselho Federal de Fisioterapia e Terapia Ocupacional.* Disponível em: <www.coffito.org.br>. Acesso em: 26 de outubro de 2015.

[2] Faria L. As práticas do cuidar na oncologia: a experiência da fisioterapia em pacientes com câncer de mama. *História, Ciências, Saúde.* 2010; 17(S1):69-87.

[3] Neves LMT, Aciole GG. Desafios da integralidade: revisitando as concepções sobre o papel do fisioterapeuta na equipe de Saúde da Família. *Interface Comunicação Saúde Educação.* 2011; 15(37):551-564.

[4] _____. *Programa Estadual de Prevenção e Controle do Câncer de Mama de Minas Gerais.* Disponível em: <www.saude.mg.gov.br/outubrorosa>. Acesso em: 24 de setembro de 2015.

[5] _____. *Instituto Nacional Do Câncer*, INCA. Disponível em: <www.inca.gov.br>. Acesso em: 14 de março de 2015.

[6] Silva PA, Riul SS. Câncer de mama: fatores de risco e detecção precoce. *Revista Brasileira de enfermagem.* 2011; 64(6):1016-21.

[7] Sclowitz ML et al. Condutas na prevenção secundária do câncer de mama e fatores associados. *Revista Saúde Pública.* 2005; 39(3):340-9.

[8] Magno RBC. *Bases reabilitativas de fisioterapia no câncer de mama.* 2009. 67f. Monografia - Universidade Veiga de Almeida, Rio de Janeiro.

[9] Nascimento TG, Silva SR, Machado ARM. Auto-exame de mama: significado para pacientes em tratamento quimioterápico. *Revista Brasileira de Enfermagem.* 2009; 62(4):557-61.

[10] Fogaça EIC, Garrote LF. Câncer de mama: atenção primária e detecção precoce. *Revista Arquivos de Ciências da Saúde.* 2004; 11(3):179-81.

[11] Bim CR et al. Diagnóstico precoce do câncer de mama e colo uterino em mulheres do município de Guarapuava, PR, Brasil. *Revista de Escola de Enfermagem – USP.* 2010; 64(4):940-6.

[12] Cestari MEW, Zago MMF. A prevenção do câncer e a promoção da saúde: Um desafio para o século XXI. *Revista Brasileira de Enfermagem.* 2005; 58(2):218-21.

[13] _____. *Instituto Nacional Do Câncer*, Brasil, Ministério da Saúde. Disponível em: <www.inca.gov.br/outubro-rosa/2014>. Acesso em: 15 de março de 2015.

[14] Maia LFS. Câncer de próstata: preconceitos, masculinidade e a qualidade de vida. *Revista Científica de enfermagem.* 2012; 2(6):16-20.

[15] Chala LF, Barros N. Avaliação das mamas com métodos de imagem. *Radiologia Brasileira.* 2007; 40(1):4-6.

[16] Santos CL, Lamounier TAC. Aspectos clínicos e laboratoriais do câncer de próstata. *Acta de Ciências e Saúde.* 2013; 1(2):32-49.

www.ingramcontent.com/pod-product-compliance
Lightning Source LLC
Chambersburg PA
CBHW060854170526
45158CB00001B/353